# 爸爸妈妈微起来

## 中老年微信实用指南

王正明 著

北京日报出版社

**图书在版编目（CIP）数据**

爸爸妈妈"微"起来：中老年微信实用指南 / 王正明著.— 北京：北京日报出版社，2016.1（2017.1重印）

ISBN 978-7-5477-1987-9

Ⅰ.①爸… Ⅱ.①王… Ⅲ.①移动电话机 - 信息交流 - 软件工具 - 指南 Ⅳ.①TN929.53-62

中国版本图书馆CIP数据核字(2015)第300827号

出版发行：北京日报出版社

地　　址：北京市东城区东单三条8-16号　东方广场东配楼四层

邮　　编：100005

电　　话：发行部：（010）65255876

　　　　　总编室：（010）65252135

印　　刷：北京缤索印刷有限公司

经　　销：各地新华书店

版　　次：2016年1月第1版

　　　　　2017年1月第2次印刷

开　　本：710毫米×1000毫米　　1/16

印　　张：10.625

字　　数：150千字

定　　价：35.00元

# 序　言

众所周知，微信的使用越来越流行，现在就连许多老年人对玩微信也乐此不疲。但是，大多数老年人只熟悉一些微信最简单的操作，对于微信许多非常有用的功能和使用技巧不甚了解，对于微信在生活中的应用更是不清楚。而且，随着微信版本的不断更新，其功能日益增多，用户界面也不断变化和翻新，更加给老年人玩微信带来困难。

目前，市面上正规出版的图书中，关于微信的图书绝大多数是介绍微信营销、公众平台开发等内容的图书，很少能看到关于微信的基本操作、设置、使用技巧和在生活中的应用等适合广大老年人阅读的图书。广大老年微信使用者非常希望有一本类似于使用手册的图书，能够比较全面、详细地给他们学玩微信予以指导。笔者以自己学用微信所掌握的知识为基础，收集了网上关于微信操作的点点滴滴信息，用适合于老年人学习的方式编写了这本书，以尽可能满足广大老年朋友学玩微信的需求。

要掌握微信的操作，还必须知晓智能手机或平板电脑的基本操作。目前，iPhone 和 iPad 运行的是苹果公司的 ios 操作系统，而其他智能手机和平板电脑运行的是 Android（安卓）系统、基于 Android 操作系统或者与 Android 合作的操作系统。因为微信主要运行在智能手机和平板电脑上，所以不同操作系统下的微信版本略有不同，本书以运行在魅族 MX4 手机上的微信作为载体来讲解，其他智能手机和平板电脑上微信的运行与此大同小异，可以参考本书。已经开发了一段时间的微信网页版和最近新发布的微信电脑版，对于不熟悉电脑的老年人来说还不太适用，因此本书暂不涉及。本书中的"手机"主要是指可运行微信的智能手机。

本书从微信的各种操作讲到微信在生活中的具体应用，包括用微信购物、支付各种费用、预约看病挂号、微信导航等多个方面。本书"附录 A"讲述微信导航与精密时间的关系，为读者揭秘微信定位导航的原理；"附录 B"列出了 75 个常见问题及其在书中能查找到答案的页码，方便广大老年朋友在使用微信时能及时解决碰到的问题；"附录 C"为广大老年朋友简单介绍了日常生活中常用的 iPad 的基本操作，可以参考此附录触类旁通地学习智能手机的基本操作。

本书在编写过程中，得到王竹祥、卢传悌、卢传恺、刘裕正、施佐原等先生和潘锦平女士的指点和帮助，在此向他们表示衷心的感谢！

需要说明的是，为了让广大老年读者比较全面地掌握微信的使用方法，本书参考和引用了一些网络上的资料和图片，在此也向这些资料和图片的作者和提供网站表示感谢！

作 者

2016 年 1 月

# 目 录

# 第 5 章　微信资料的管理

# 第 6 章　微信在生活中的应用

# 第1章　安装与登录

......

## 1.1　微信软件的下载

通常，供应商会为客户新购买的设备安装好微信软件，但是客户从网上购买的手机等设备往往没有安装微信软件，需要自己下载和安装。另外，有时候因为微信出现故障，例如微信"闪退"（打开微信时出现微信标志，见图1.1，之后很快就变成了黑屏）等，就需要用户自己重新下载和安装微信软件。

在手机的网络浏览器网址栏里（图1.2）输入"http://weixin.qq.com"后，出现如图1.3所示的界面。点击"下载"或者"免费下载"，手机会根据自己的品牌和型号自动选择应该下载的微信版本，并显示如图1.4所示的微信版本信息（有的手机此时会列出几种手机的操作系统，例如 iPhone 版、Android 版、

图 1.1

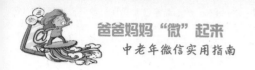
Windows Phone 版等，有的手机还有"按手机型号选择等"等选项），
选择一个选项后，点击"下载"。

图 1.2

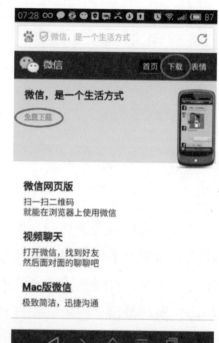

图 1.3

图 1.4

这时，手机屏幕上可能会显示"正在后台下载，点击查看"，
然后就消失了。软件下载后，会自动存放到手机文档的"Download"

文件夹中。如果手机已设置"允许安装"，就会选择自动安装，在这种情况下稍等，就会出现如图 1.5 所示提示。这时，点击"确定"，就会自动出现等待安装的提示。

## 1.2 微信软件的安装

在手机的"设置（定）"中有一项安全设定与软件的安装有关。打开"设置"界面（见图 1.6），可以看到左边一列中的"安全"图标。点击，然后开启在界面右边一列中"允许安装未知来源的应用程序"选项的开关（或者在其后面的方框中打"√"）。只有在这种情况下，下载的软件才能够安装。

如果手机能够自动安装微信软件，在事先已经进行开启允许安装软件设置的情况下，软件下载后会自动转到安装界面，用户只需按照界面上的指示一步步操作就行了。

对于不能自动安装软件的手机，用户必须先在手机主屏幕上打开"文档"或者"我的文件"，

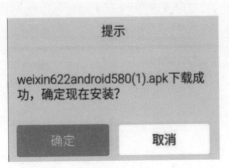

图 1.5

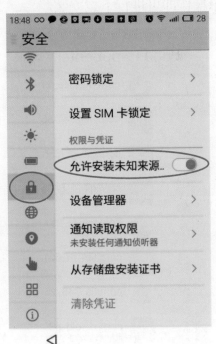

图 1.6

再打开文件夹"Download"，找到已下载的微信软件（见图1.7，该软件也可能还在子文件夹中），点击它就可以开始安装。

如果手机上安装了手机卫士（例如360安全卫士等），它会自动扫描下载的软件，并确认其安全性，扫描完成后会显示"已通过360安全检测"等字样（见图1.8）。点击图1.8的"安装"，就开始正式安装微信软件。安装完毕会出现如图1.9所示界面。如果不继续进行微信的操作，就点击"完成"；否则，点击"打开"，就可以进入微信注册或登录操作界面。

注意：在iPhone或iPad上下载和安装微信软件与上述操作不同。打开iPhone或iPad上的App Store界面，在搜索栏里输入"微信"或者"We Chat"进行搜索，出现如图1.10所示界面。如果曾经下载安装过微信软件，就可以直接打开；否则，点击"获取"，按指示操作即可进行下载安装。

图1.7

图1.8

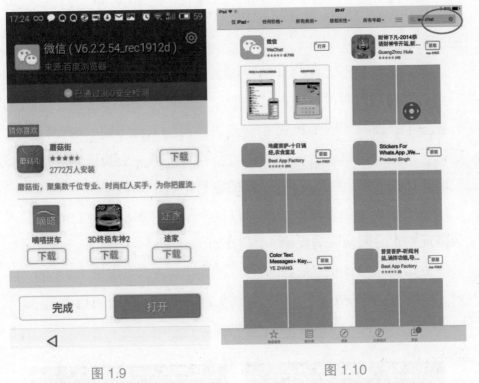

图 1.9　　　　　　　　　　　　　　　图 1.10

## 1.3　微信注册及登录

微信软件安装完成后，可以直接点击图 1.9 中的"打开"，也可以在手机主屏幕上点击图标打开微信，进入注册 / 登录界面（参见图 1.1）。

注意：作为任何一种为公众服务的软件系统（例如电子邮件、淘宝、京东商城等）的用户，你都要有一个在这个系统上独一无二的"名字"，也就是你的"用户名"，这个"用户名"又被称为"账号"。

通常，人们用 QQ 号或者手机号注册微信，也可以另行设计一个 6 位以上的以字母开头的字符串作为微信号。注册完成后，就可以得到一个微信账号。现在 Android 系统的手机上只能用手机号注册微信，而在 iPhone 或 iPad 上可以用手机号、QQ 号或者电子信箱地址注册微信账号。

点击"注册"，在打开的界面上输入设计好的账号和密码，然后点击界面下方再次出现的"注册"。如果用手机号注册，会出现另外一个界面，如图 1.11 所示。点击界面提示框中的"确定"，与手机号对应的手机就会收到一条短信，告诉你一个验证码。把这个验证码填入界面上"验证码"后面的空格中（图 1.12），点击"下一步"就注册成功了。如果你曾经注册过这个号码，那就已经有昵称了，会出现"欢迎回来"的界面（图 1.13）。

点击图 1.13 上的"是我的，立刻登录"，或者点击图 1.1 上的"登录"，就可以登录微信了。在出现图 1.14 所示界面时，可以点击"是"或者"否"，进入微信界面。

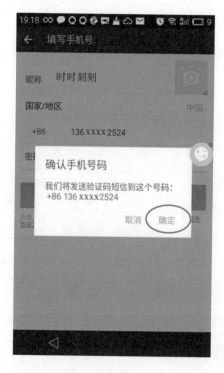

图 1.11

图 1.12

图 1.13

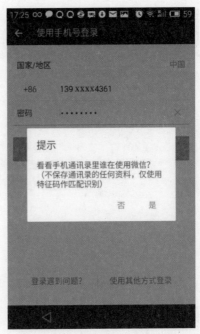

图 1.14

## 1.4　微信账号切换

有时由于某种原因需要退出当前微信账号（退出方法详见本书"3.3　账号与安全设置"），之后重新登录时，如果登录与上次同样的账号，只需要在打开的界面（如图 1.15 所示，界面上已经显示上次登录的账号）上输入密码即可。如果要切换到另一个账号（例如你有两个微信账号，或者你借用朋友的手机登录自己的微信账号），则点击图 1.15 下方的"更多"，此时会显示 3 个选项："切换账号""注册"和"微信安全中心"。

选择"切换账号"选项后，出现如图 1.16 所示界面。这个界面上依旧显示的是你上次登录的账号，把它删去，填入新的账号和密码，就能切换进入新的账号的微信页面。如果没有退出原来的账号，则无法切换到其他账号。

图 1.15

图 1.16

图 1.17

## 1.5 忘记微信账号密码怎么办

如果你忘记了微信账号的密码，可以通过绑定的手机号、QQ 号或者邮箱地址找回密码。所以，在首次注册、登录微信之后，应该进行绑定手机、QQ、或邮箱的操作（详见本书"3.3 账号与安全设置"）。一旦忘记了微信登录密码，点击图 1.16 下方的"登录遇到问题？"，则出现图 1.17所示界面，可以从中选择你绑定的 3个选项之一。例如，你选择了"已绑定的手机号……"这一项，可在点击进去的界面上输入这个手机号，微信系统会向这个手机号发送一个验证码，将此验证码输入界面并点击"下一步"，也可以登录微信账号。但实际上，你并没有获取这个微信账号的登录密码，所以这次登录后，需要更换一个登录密码，具体更换方法详见本书"3.3　账号与安全设置"。

　　如果在登录方面还有其他问题，可以点击图 1.17 中的"申诉找回微信账号密码"，会出现更多选项，还可以点击图 1.15 下方的"更多"之后进入"微信安全中心"，寻求方法解决你的问题。以上操作，用户可以自行体会操作。

9

# 第 2 章　微信的界面与朋友圈

......

## 2.1　微信界面简介

微信的主界面如图 2.1 所示，在其下方的一栏中有 4 个功能项："微信""通讯录""发现""我"。只要点击它们某一项，就可以打开它的工作界面。它们每一项都包含有大量的功能，有许多不同的操作子项目。

图 2.1

### 2.1.1　聊天记录

"微信"项中包含所有的微信聊天记录，微信信息的收发都在这一项里进行。点击"微信"就打开了"聊天记录"界面（见图 2.2），上面列出自从本次微信软件重新安装第一次登录以来，没有被删除的所有与自己有过微信通讯的朋友或者微信群的名称（或昵称）。

当手机收到新的微信信息时，

在"微信"栏目图标的右上角会出现红色圆饼，上面所标的数字为新信息的个数。

点击图 2.1 所示界面左侧任一朋友或者微信群名字（该界面右侧显示朋友或者微信群最新消息的发送时间），就可以打开查看该朋友或微信群的新信息和所有没有被删除的历史信息，如图 2.2 所示。

如果你的微信朋友非常多，一时找不到某位朋友或某微信群时，可以点击图 2.1 右上角的放大镜图标，然后把要找的朋友或微信群的名字输入随后出现的搜索界面的文字栏里，下方就会出现你要找的名称。

注意：关于微信资料发送的具体操作将在本书第 4 章详细介绍。

## 2.1.2　通讯录

点击微信主界面的"通讯录"，就打开了微信通讯录界面（图 2.3）。微信通讯录（不是手机通讯录）界面上方有 4 个功能项："新的朋友""群聊""标签"和"公众号"。

### 1."新的朋友"

点击"新的朋友"后出现如图 2.4

图 2.2

图 2.3

所示界面。点击"添加手机联系人",则出现你的手机通讯录里所有已经用手机号作为微信账号的朋友的名单,可以在这里邀请朋友作为你的微信朋友(详见本书"2.2 建立你自己的'微信朋友圈'"介绍)。

2."群聊"

微信聊天界面上的人名和群名以聊天时间先后排列。如果与你聊天的微信朋友多,你加入的微信群也多,那么想在聊天界面上找一个朋友或群非常麻烦。我们可以在聊天界面上打开一个微信群,点击屏幕右上角的 ▣ 图标,打开如图 2.5 所示界面,界面的上方是这个群里所有人的头像和昵称,下方有许多可选项。在选项中,将"保存到通讯录"右边的开关打开(向右滑一下白色方条,使左边出现绿色方条),就可以把这个微信群的名称归类到通讯录的"群聊"中。下次寻找这个群时,只要在通讯录中打开群聊,点击这个群名,就可以打开该群的聊天记录。

12

图 2.4                    图 2.5

3. "标签"

　　微信通讯录的下半部分是所有与你有微信通讯的朋友列表，以名称（或昵称）的汉语拼音字母顺序排列。如果你的微信朋友非常多，在微信聊天界面中不容易找到他们，就可以在通讯录里按顺序查找。但是在人数众多的情况下，找起来也会费时间。你可以在把他们加为朋友后，为他们分类（编辑标签），例如分成家人、亲戚、同单位同事、某协会成员等，然后从通讯录上方的"标签"中按类别寻找，这就方便多了。

　　为微信通讯录的朋友编辑标签的方法为：在微信通讯录下半部分的名单中点击他的名称（或昵称），出现如图 2.6 所示的信息界面，点击右上角的 ，再在下拉菜单（见图 2.7）上点击"设置备注及标签"，然后在出现的图 2.8 上点击"添加标签对联系人进行分类"，之后在出现的图 2.9 中选择已经编辑过的标签。如果需要新编一个

图 2.6

图 2.7

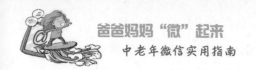
标签，则在"添加标签"栏内输入一个标签，点击右上角"保存"即可。一个人可以有不止一个的标签。

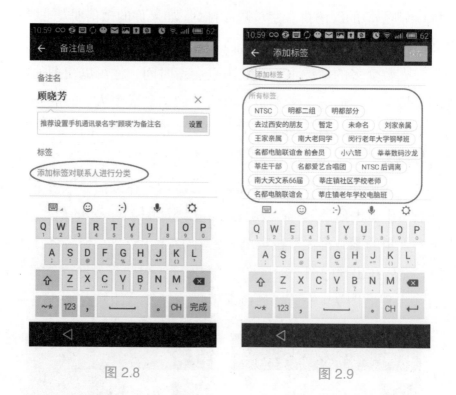

图 2.8                    图 2.9

如果将微信朋友都编辑过标签，以后要找他们，只要打开通讯录中的"标签"，按标签到各个分类中去寻找就方便了。

　4."公众号"

凡是被你关注的微信公众平台（详见本书"6.1　无所不在的微信公众号"介绍）的公众号都会按名称的汉语拼音字母顺序排列在"通讯录"的"公众号"这一项里，便于你在这里按音序方便地找到它们。

## 2.1.3　"发现"

点击微信主界面的"发现"，打开如图 2.10 所示界面。其中有很多可选项，点击"朋友圈"可以看到你的微信朋友并看到他们"朋友圈"里的信息，你只要与某位朋友建立了微信联系，就可以看到他发往他自己"朋友圈"中的信息（详见本书"4.10 '朋友圈'的信息交流"介绍）。

　　点击"扫一扫"，打开如图2.11所示界面。将界面中间有一条扫动着绿线的方框对准某个二维码，就可以把这个二维码扫描下来。通过二维码扫描，可以与朋友建立微信通讯关系（详见本书"2.2.3 通过扫对方二维码加好友"介绍），或者把某个微信公众号添加到你的微信中（详见本书"6.1 无所不在的微信公众号"介绍）。"扫一扫"还有许多在生活中的应用功能（详见本书"第6章 微信在生活中的应用"介绍）。

　　点击"购物"，打开如图2.12所示界面，在界面最上方的文本框中输入某个购物网站的名字，例如"亚马逊""天猫"等，就可以进行网购了。

　　点击"游戏"，打开如图2.13所示界面，选择列出的游戏进行下载，就可以根据操作提示用手机微信玩游戏了。

图 2.10

图 2.11

图 2.12　　　　　　　　　　图 2.13

图 2.14

### 2.1.4 "我"

　　微信主界面的"我"（见图 2.14）包含"相册""收藏""钱包"和"设置"4 项，它们都是非常有用的功能。

　　"收藏"可以整理和保存有用的信息，让它作为你的微信资料库。

　　"钱包"可以用微信进行很多网上交易，如图 2.15 所示，可以把少量零钱存在微信账号中，便于微信网购付款，相当于淘宝的支付宝；可以把银行卡与微信账号绑定，便于各种付款；还可以手机充值、滴滴打车；等等。

"设置"中也有许多有用的功能（见图 2.16），这在后文会一一介绍到。

图 2.15

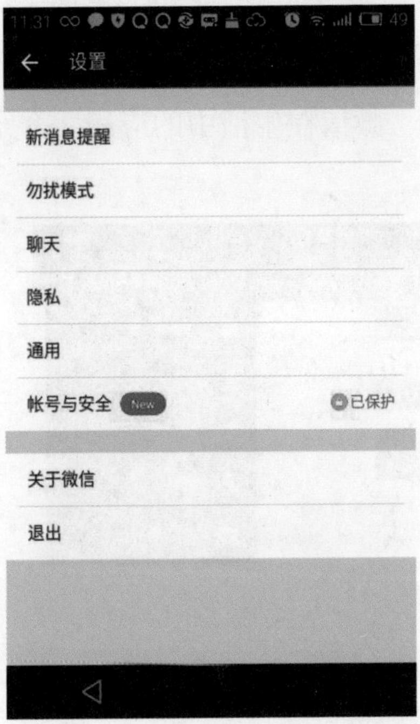

图 2.16

## 2.2　"微信朋友圈"创建

微信和电子邮件不同。电子邮件没有圈子的概念，不管是任何人，你只要知道了他的电子邮件地址，就可以向他发电子邮件。

微信和 QQ 一样，是所谓的"社交软件"，你只能和"进入了你的社交圈子里的朋友"打交道。邀请一位朋友进入你的圈子，要双方同意。那么，怎样邀请一位朋友进入你的圈子呢？

在微信主界面打开"微信"后，点击屏幕右上角的 ➕（见图2.1），就会下拉出一个菜单（图 2.17），点击其中的"添加朋友"，就会出现一个新的界面（图 2.18），罗列出 6 种添加微信朋友的办

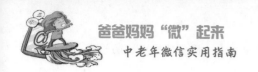
法（见图 2.18 左侧标出的编号）。其中，编号 1~4 讨论的是如何"邀请某一位朋友进入你的微信圈子"；编号 5 涉及"如何一下子把很多人邀请进入一个'群'里面来进行'群聊'"（详见本书"2.3 微信群创建"介绍）；编号 6 则是关于微信公众号的添加（详见本书"第 6 章 微信在生活中的应用"介绍）。

图 2.17

图 2.18

## 2.2.1 直接输入手机 /QQ/ 微信号码加好友

如果你知道你朋友的微信号、QQ 号或者手机号，就可以点击图 2.18 中编号 1 所标记的有"放大镜"图标的这一行，这时屏幕下方出现输入键盘（见图 2.19），将号码填入"放大镜"图标后面的空白处，在填写过程中界面上会出现手机通讯录里一些人的名字和手机号。这是微信服务器在它所有的微信用户中搜寻目标对象的体现，它在查找谁的微信号、QQ 号或者手机号是和你所填写的号码相同或类似，并在界面上列出手机通讯录中与你输入的近似的号码。如果列出来的某个人就是你要添加的，点击他（她）的信息，就转换成如图 2.20 所示的界面。如果要搜索的号码不在你的手机通讯录里，填写完号码后，界面的状态如图 2.19 所示。此时，点击界面上的"搜索 ×××××××××"，界面同样变成如图 2.20 所示状态，点击其中的"添加到通讯录"，出现图 2.21。如果你在微信中用了昵称，界面上"我是 ×××"的 ××× 就是你的昵称；如果被邀请者不知道你的昵称，就应该让对方知道。你可以把××× 改成你的姓名（也可以在 ××× 之后添上姓名），再写上"希望你成为我的微信朋友"之类的邀请词语，然后再点击界面右上角的"发送"。

19

图 2.19　　　　　　　　　　图 2.20

完成邀请微信新朋友后，要等待对方接受。如果对方接受了，在你的微信聊天记录里会出现新的信息，如图 2.22 所示。

图 2.21                    图 2.22

如果有朋友邀请你作为微信好友，你的通讯录界面会呈现如图 2.23 所示状态。下方的"通讯录"图标旁出现的带数字的红色圆饼表示有人邀请你为微信好友，通讯录界面最上面一栏右侧有红色圆饼表示这是邀请者（如图 2.23 中的"时时刻刻"）。点击"时时刻刻"这一行，进入新界面（见图 2.24），点击该朋友右边的"接受"，你就与他建立了微信联系；并且，还会进入一个新的界面，你就可以在这个界面给该朋友发送微信信息了。

图 2.23

图 2.24

如果你在图 2.19 中点击了"搜索 ×××××××××××"，系统回复"用户不存在"或者"查找失败"，这说明你的朋友并没有用这个号码开通微信。

## 2.2.2　从手机 /QQ 通讯录选号码加好友

如果你已经是 QQ 的用户，你可以从你的 QQ 圈子里选择朋友拉进你的微信圈子。另外，你也可以从手机通讯录中选定某个人，把他添加到微信圈子中来。要进行这样的操作，点击图 2.18 中编号 2 的"QQ/ 手机联系人"这一项，出现图 2.25 所示界面，点击图中的"添加手机联系人"，屏幕显示如图 2.26 所示。它罗列了你手机通讯录中的所有联系人，在每一联系人的右边标有"已添加"的，说明该联系人已经与你建立了微信通讯关系；标有"添加"的，说

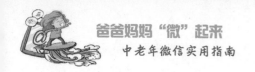

明他尚未与你建立微信通讯关系，这时你可以点击这"添加"，就会出现"等待验证"，再点击一下，就出现图2.20所示界面，然后按上述操作即可与他建立微信联系；标有"等待验证"的，说明你已经向他发出邀请，他尚未"接受"。

如果你想找你的QQ中的朋友建立微信通讯关系，在点击图2.25中的"添加QQ好友"之后，会出现"查看QQ好友"的界面，从中选择"我的好友"或者"朋友"，然后以与"手机联系人"添加朋友相同的方法操作就行了。

图2.25　　　　　　　　　　　图2.26

### 2.2.3　通过扫对方二维码加好友

"通过扫描对方二维码加好友"的这种方式特别适用于微信"公众号"。比如说，你在商店里、餐馆里看到的"二维码"，或者在电视节目上显示的二维码，由于它们是"公众号"，所以任何一个人都可以扫描它，把它添加到自己的微信通讯录中。

　　微信系统会根据每一个微信用户的"微信号"产生一个二维码。你只要用你的微信中的"扫一扫"（参见图 2.10、图 2.11），把手机照相镜头对准这个二维码，当二维码位于"扫一扫"的方框中时，绿色光线条在二维码上扫一下，这个微信号的信息就摄入到你的微信中。如果对方是个人微信用户，手机屏幕上会弹出如图 2.20 所示界面，继续按照上述"添加微信朋友"的步骤，就可以邀请这个用户加入自己的微信好友；如果对方是一个微信公众号，你的屏幕上会弹出如图 2.27 所示的界面，点击"进入公众号"（或者"关注"），你将看到该公众号的各种信息。

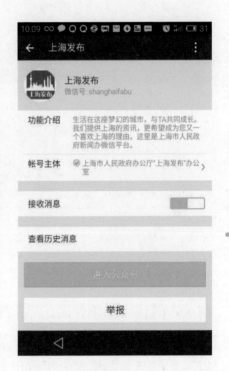

图 2.27

23

　　如何调出自己的微信二维码呢？点击微信主界面的"我"，出现如图 2.28 所示的界面。该界面第一行有"我"的微信头像和名称，点击右侧的二维码按钮，就能展示这个二维码（见图 2.29）。你可以用手机截屏功能把自己的这个二维码作为图片保存，也可以用微信公众号"千线微名片"制作自己的微信名片（包含自己的微信二维码），或者设法把这个二维码打印在自己的纸质名片上。

　　注意：给微信朋友的昵称加备注名。为了能分辨微信朋友的昵称，可以在微信中为他们各自的昵称加备注名。操作方法是：打开

图 2.28                          图 2.29

与某人的聊天记录界面，点击右上角的单人图标，再点击他的头像，然后点击右上角的 ，选择"设置备注与标签"来更改备注名就可以了。但是，如果对方更改了昵称，你加的备注名是不会改变的。

## 2.2.4  通过雷达加好友

通过雷达加好友其实就是两个人在一起，不用输入微信号，而是直接用手机雷达通过相互搜索，来添加对方为微信好友的方式。

其操作方法是：按 2.2 节的操作打开微信，找到图 2.18 所示界面，点击编号为"4"的那一项，就出现如图 2.30 所示的雷达自动扫描情景。当扫描到附近的另外一个人也正在用雷达扫描时，你的屏幕上会出现他的图标（如图 2.30 中的苗苗），点击这个图标进入图 2.31 所示界面，然后点击"加为好友"即可与此人建立微信朋友关系。

实际上，"雷达加朋友"这种方式主要是"凭缘分"结交陌生人作为朋友的手段，但是，如今"世道多陷阱，交友须谨慎"，特别是老年人，不要使用这种办法。

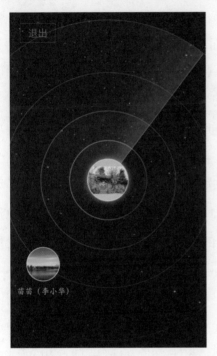

图 2.30

图 2.31

## 2.3　微信群创建

微信群是腾讯公司推出的多人聊天交流服务，可以由一个人作为"群主"来创建，邀请若干人在一个群里面聊天。一个家庭（家族）的成员可以组建一个群；大学同班同学可以组建一个群；具有共同兴趣、同样业余爱好的人也可以组建一个群……群里的任何一位成员可以一次向所有其他成员发出信息，因此，微信群是一种效率很高的通信方式。群里的成员虽然天南海北各处一方，但是通过微信交流，他们就好像"晤谈于一室之内"，一个人说话，所有的

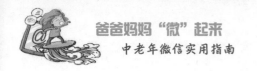

人都能同时听见。在微信群内除了聊天以外，还可以共享图片、视频、文件和网址等。

### 2.3.1　如何创建微信群

　　进入微信系统以后，点击界面右上角的 ✚ 号，在下拉出的菜单（参见图2.17）中点击"发起群聊"（也可以在打开通讯录界面，参见图2.23）后，点击界面上部的"群聊"，再点击下一界面右上角的 ✚，就出现用于建群的微信通讯录界面（见图2.32）。在此界面上，点击你要选择加入这个新建群的人员名字，右侧的方框就会出现一个"√"（可以一次把所有要选择入群的人的名字都打"√"），然后点击界面右上角的"确定"，这个群就建成了。采用这种建群的方法时注意，被你请进群里的人必须已经是你微信通讯录里的朋友。

26

图 2.32

　　另外一种组建微信群的方法叫做"面对面建群"。可以在图2.18中点击编号为"5"的那一项，也可以在图2.32中点击"面对面建群"，出现如图2.33所示界面。这种方法可以把彼此挨得很近，集聚在一个小地方的一批人，都通过"输入同一个四位数字"而进入一个群。这种方法的前提是，加入群的人都在附近，微信利用了手机的GPS模块来完成识别，因此，"面对面建群"需要用户打开手机设置中的"定位服务"。

可以看出，"面对面建群"和传统的建群方式是相反的，加入群的人可以互相不认识，因而不需要事先已成为微信朋友。入群以后，通过交流、互相熟悉以后，其中某些成员才可能变成你的"好友"。那什么时候需要采取这种建群方式呢？举例来说，一群人参加一个旅行社组织的同一个旅游团，在大家集合准备出发时，导游可以请大家打开微信的"面对面建群"页面，输入同一个四位数，这个群就建成了。在路途中入住某家宾馆时，导游可以用微信群给大家发送通知，大家也可以通过微信群互相介绍自己，等等。

图 2.33

新的微信群建立后，就可以在微信聊天记录的界面列表中看到这个群。点击群名称后，就打开了这个群，可以看到群里的聊天记录。在群界面左上角是群的名称，括弧中显示该群现有人数。群界面右上角有一个双人图标 ，表示这是个群。点击这个图标，在打开的界面中可以看到所有参加这个群的成员的头像和名称（见图 2.34），用手指往上滑动屏幕，可以看到有许多操作选项（见图 2.35）。

如果你有很多微信朋友，又参加了很多群，那么在微信聊天界面列表中找一个群比较困难。可以在一个群界面上滑动屏幕，找到"保存到通讯录"这一项并打开右边的开关，这个群的名称就会出现在通讯录界面（图 2.23）上方的"群聊"列表中，便于寻找。

图 2.34

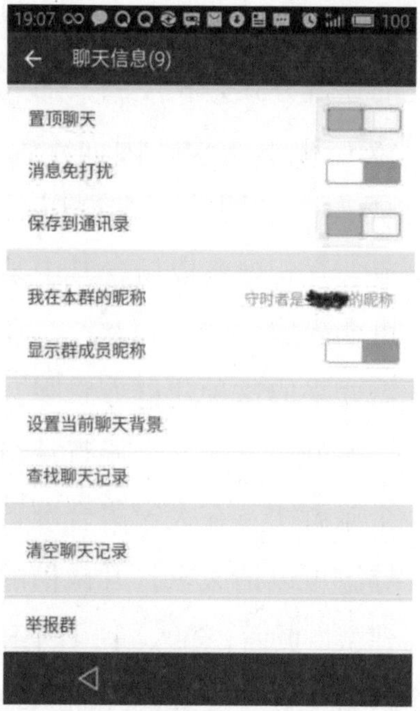

图 2.35

## 2.3.2 如何加入微信群

要想加入一个微信群有两种方法：一种是通过扫描群二维码，另一种是通过好友邀请。

在图 2.34 中可以看到"群二维码"，点击它就会出现该群的二维码，与图 2.29 类似。如果你不在这个群里，要想加入这个群，在设法得到该群的二维码后，用"扫一扫"的功能就可以加入这个群。

假如你想加入一个群，而不用扫二维码的方法，则需要由在该群里的好友邀请你加入。邀请一个朋友加入群的方法为：在微信聊天记录页面上点击一个群的名称（或者在通讯录界面上点击"群聊"，然后点击一个群的名称），打开群之后，可以看到该群里的聊天记录，点击群界面右上角的双人图标 👥，就出现图 2.34 所示的界面。这时点击其中的 ⊞，会出现与图 2.32 相类似的界面（你的微信通讯录），再点击你选择邀请入群的人员（在名字上打"√"），然后点击界面右上角的"确定"，这些朋友就加入这个群了（如果你的微信通讯录中人数很多，不容易找到，可以把要找的朋友的名字写在界面上方的"搜索"栏里，名字就出现在下方的通讯录里，点击打"√"即可）。

注意：这种邀请朋友加入群的方法的前提是，该朋友必须已经在你的微信通讯录里。

一个微信群能容纳多少成员？早期的微信群只能容纳 40 人，后来扩展到 100 人或更多。当一个群的人数不多时，邀请朋友进入一个群，无须得到他本人认可。当群的人数扩大到 40 人左右时，在邀请朋友进这个群的同时，系统会向被邀请人发送一个通知，只有被邀请人收到通知后表示同意，才能进入这个群。当群的人数超过 100 时，被邀请人必须在实名验证后才能被接受。

QQ 开发团队和微信开发团队在建群的理念上是不同的，QQ 群体现了群主与群友是管理和被管理的关系，而微信群则体现了群主和群友是平等的关系。这种区别具体体现在：一是 QQ 在"加入群"的方式上，必须由慕名而来想加入群的人自己通过 QQ 群号或群名报名进入，由群主审查批准；而微信群在邀请新成员时，任何群友都可以拉朋友进来。二是在更改群名方面，QQ 群必须由群主操作；而微信群中，任何群友都可以更改群名。因此，被邀请进入微信群后，如果不看群员列表中第一个人是谁，就不知道群主是谁，而且在微信群的活动中感受不到群主的存在。三是在微信群中，当群友都退出后，群也就不存在了；而 QQ 群则需要管理者解散群。因此，微信群员是平等对等关系，群友的退群决定群的存亡。QQ 群的解散权掌握在群主手中，也就是说，群友的退群无法影响到群的存在。

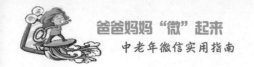
### 2.3.3　微信群各项操作

**1.　如何修改名称**

点击图 2.34 的"群聊名称",弹出一个修改名称的界面,删除原来的名称,输入新名称,点击"确定"即可修改群名。

**2.　如何置顶聊天**

微信聊天界面默认的排列方式不是以名称的汉语拼音字母或者英文字母顺序排列,而是把有最新聊天信息的人或群排列在微信聊天界面的最上方,因此,当与你聊天的微信朋友或微信群很多时,从中要找一个朋友或群比较困难。如果把经常与你聊天的人或群设置为"置顶聊天",那么这些人或群的名字总是排在列表的上方,便于寻找。具体操作为:打开一个人或一个群的聊天记录界面后,点击界面右上角的单人或双人图标,进入到类似于图 2.35 的界面,打开"置顶聊天"右边的开关(呈绿色)即可。

**3.　如何修改在本群中的昵称**

通常,人们不用真实姓名注册微信账号,喜欢用昵称,所以在微信聊天中显示的很多都是昵称。但是在某些微信群里,特别是在人数较大的群里,群友互相不熟悉,大家希望参加者都用自己的真实姓名或者用大家熟知的名称进行交流,这时不用更改你的昵称,只需要在这个群里点击图 2.35 所示界面中的"我在本群的昵称",在弹出的修改名称的界面上,删除原来的名称,输入新名称,点击"确定"即可。

**4.　如何加群里朋友为微信朋友**

有时你与一位不熟识的人都被邀请进了同一个微信群,你没有他的手机或微信号码,但你可以不必得到他的微信号,就能与他建立一对一的微信通讯联系。操作非常简单,你只要在微信群聊天记录界面中，点击右上角的双人图标，然后在出现的类似图 2.34 所示界面中点击此人的头像，就会出现图 2.20 所示界面，之后的操作同上。

5. 如何将群友请出群

在微信群里，只有群主可以把一个群员请出微信群，其他群友不能做这项操作。在图 2.34 中，群友头像最末尾有一个 + 图标。在 4 个人以上的群里，如果是群主，还会看到后面有一个 − 图标；如果不是群主，是看不到这个 − 图标的。群主要删去某个成员，只要点击这个图标，在所有群员的头像旁就会出现一个 ⊖ 图标（如果是群主，在群员头像界面上长按任意一个头像，也有这个效果），点击某个群员头像旁的 ⊖ 图标，就把此人请出群了。

6. 如何退出并删除某群

如果你不想参加某个群了，可以自行退出。操作方法是：用手指向上滑动图 2.35 所示屏幕，就可以看到"删除并退出"。点击它，你就退出了这个群，你的微信聊天记录和通讯录中的"群聊"里也就不存在这个群了。这说明你退出了这个群，所以你看不到这个群，但在别人的微信中该群仍然存在。

# 第 3 章　微信的各项设置

从本章开始，凡是讲到打开一个界面，之后点击一项又打开一个界面，如此逐层地打开界面，都以"A → B → C → D"的方式表达。

## 3.1　个人信息设置

点击微信主界面右下角的"我"，出现图 3.1 所示界面，再点击自己的头像和名字，则出现图 3.2 所示界面，这时可设置自己的个人信息。

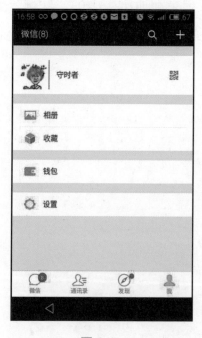

图 3.1

图 3.2

1. 设置个人基本信息

（1）更换本人头像。点击图 3.2 的第一栏，出现图 3.3 所示界面，其左上角是一个相机图标，点击它可以拍一个照片作为自己的头像；也可以抽取手机图片库中的某张图片，作为自己的头像。

（2）更改自己的昵称。点击图 3.2 的第二栏，在出现的界面上输入自己新的昵称，然后点击"保存"。

（3）设置自己的微信号。点击图 3.2 的第三栏，在出现的界面上输入一个自己喜欢的数字和字母混编的号码，然后点击"保存"。

注意：微信号是自己微信账号的唯一凭证，只能设置一次。

图 3.3

图 3.4

2. 设置二维码名片

点击图 3.2 第四栏，出现图 3.4 所示界面；再点击屏幕右上角的 3 个点，出现一个下拉菜单，可以点击其中第一项"换个样式"来改变二维码的样式（见图 3.5，可比较图 3.4 和图 3.5 中的二维码）。

图 3.5

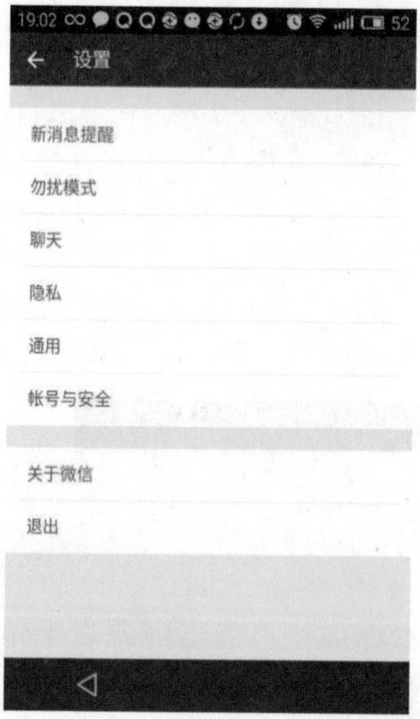

图 3.6

"换个样式"只改变二维码的样式，二维码包含的信息不变。二维码设置好之后，可以将二维码发给朋友扫一扫，请其添加（邀请）你为微信朋友。

### 3. 设置更多个人信息

分别点击图 3.2 中下面 4 项，可以进行更多的个人信息设置。比如说，可以填写"我的收货地址"（点击第 5 项后，再点击屏幕右上角的"+"）用于快捷网上购物，也可以填写自己的基本资料可让更多人了解和关注你，还可以展示自己的腾讯微博，让朋友们更直接地了解你。

## 3.2  消息提醒设置

微信是我们日常生活中的通讯助手，它帮助我们接收信息，但是我们不可能在休息时间也愿意接收信息，否则会打扰自己的休息。那么，如何设置消息提醒呢？

打开"我→设置（图 3.6）→新消息提醒"，出现图 3.7 所示界面。在这个界面上，将每一项右边的开关打开。每一项的意义在界面上说明得很清楚。若点击其中的"新消息提示音"，则可以在下一个出现的界面上选择消息提示音。

如果消息提示音打开并选择好了，手机将在一天 24 小时中都用这个提示音进行消息提示。为了避免在休息时段被提示音的响声打扰，可以设置提示音关闭的时间段。具体操作是：点击图 3.6 的"勿扰模式"，在出现的界面（图 3.8）中设置勿扰时段。

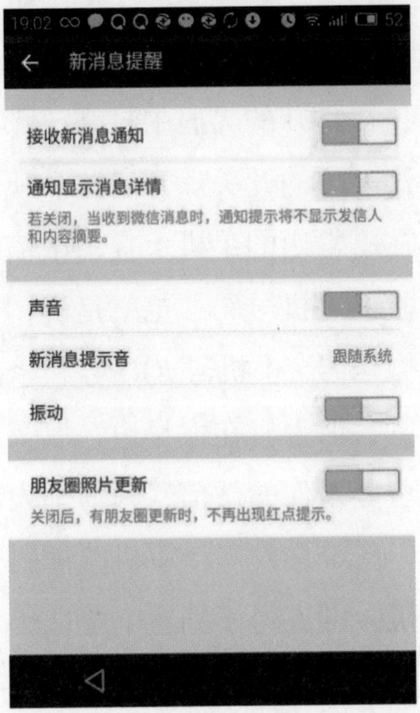

图 3.7

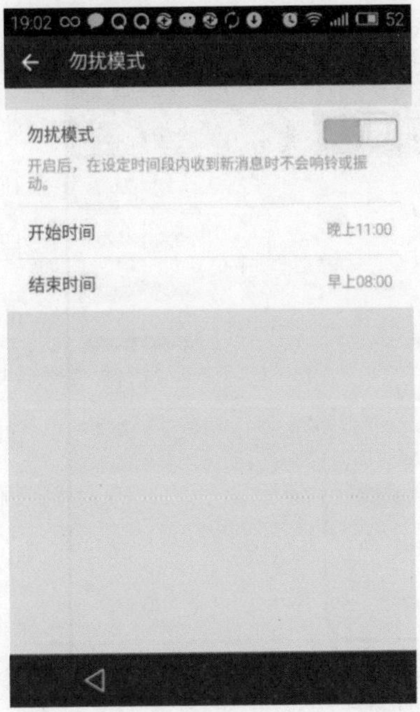

图 3.8

## 3.3　账号与安全设置

打开"我→设置→账号与安全"，出现图 3.9 所示界面，自己曾经设置或填写过的微信号、手机号、QQ 号等都会出现在账号这一栏里；如果以前没有设置或填写过，则可以点开某一项进行填写（这样就绑定了），也可以在这一栏里点开"邮件地址"，填写后进行绑定。

为了保障微信账号安全，微信软件设置了许多安全措施。在登

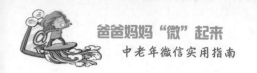
录微信时，可以用已设定的"手机号/微信号/QQ号）+密码"进行登录。如果微信密码泄露了，可以点击"微信密码"在这里更改密码。

微信6.0版本新增设了用声音朗读一串数字作为"声音锁"，一旦设置了声音锁而又没有解绑，那么以后只能用该声音读出这串数字才能登录。

还可以点击图3.9中的"账号保护"，在打开的界面中打开"账号保护"这一项的开关。开启这一项保护后，在不常用的手机上登录微信时，需要验证手机号码。也就是说，如果你的微信号/手机号/QQ号和密码都泄露了，但手机在你身边，那么别人就无法登录你的微信，因为别人在登录时，系统会发一个手机验证码到你的手机，别人得不到这个验证码自然就无法登录。

图3.9

如果设置"声音锁"而没有解绑，同时又设置了开启"账号保护"，且当你外出不用微信时退出微信，那么，你的微信账号安全系数很大：手机在你身边，别人无法登录你的微信；即使手机丢失，别人也无法用你的手机登录你的微信。

如何退出你当前所在的微信账号呢？操作非常简单，点击"我 →设置 →退出→退出当前账号"即可。

## 3.4　隐私设置

......

### 3.4.1　及时清除被定位的位置

　　点击微信主页最下面的"发现"，可以打开微信"附近的人"。如果使用这项功能，你所在的位置就会被 GPS 定位，而且会保留一段时间。此时，你能够看到距离你所在位置 2km 以内正在用微信的人（他们也打开了或曾经打开"附近的人"，其被定位位置未及时清除），这些附近的人也能看到你。通过这种方式，你可以从列表中选择你想与之交流的人进行微信聊天，能体会到不同的社交方式。

　　如果你退出了"附近的人"，而没有及时清除已被定位的位置，那么附近的人仍然能够看到你。如果你不希望别人通过这个功能把你"定位"，就要注意在退出"附近的人"时，及时清除自己的位置信息。具体操作方法是：在"附近的人"列表界面上，点击右上角的 图标，再点击下拉菜单（图 3.10）中"清除位置并退出"即可。

图 3.10

### 3.4.2　"我"中的隐私设置

　　很多人玩微信时，没有仔细进行安全设置，有的关于隐私的问

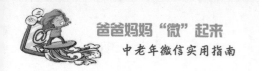
题是打开的，有的保护隐私的却是关闭的。微信"我"中的隐私设置，要逐层打开"我→设置"，下面具体介绍怎样在微信里进行基本的隐私设置。

### 1. "允许陌生人看10张照片"的设置

在自己被邀请参加的微信群里常常会有你不认识的人（陌生人），在微信群里点击一个陌生人的头像就会出现这个人的信息，包括个人相册、个性签名等。同样在这个群里，陌生人也会看到你的各种信息，特别是你发送到自己"朋友圈"（详见本书"4.10'朋友圈'的信息交流"）中的照片。一般来说，微信默认设置允许陌生人在微信群里查看10张自己发到朋友圈里的照片。

如果你在群里找到一个陌生人，想要查看此人的照片却没有显示的话，则有可能是此人关闭了陌生人查看照片的选项。如果不想让陌生人看你的照片，可以进行设置，具体操作是：打开"我→设置→隐私"，将"允许陌生人查看10张照片"右边的开关关掉（见图3.11）即可。这样做，可以避免陌生人利用你的照片进行犯罪活动。

图3.11

### 2. 不让别人通过手机/QQ号搜索到我

现在，个人手机号或者QQ号信息都会随时被泄露，陌生人可以用这些号码来搜索并邀请我们加为微信朋友。

为了不受陌生人的打扰，可以在微信账号基本信息中进行设置，具体操作为：如果自己还没有设置过微信号，则打开图 3.2 或者图 3.9，点击"微信号"，输入自己设计的微信号（只能修改一次），将图 3.11 中的"通过手机号搜索到我"和"通过 QQ 号搜索到我"的开关都关掉。这样，除非你透露自己的微信号，否则别人不会搜索到你。

图 3.11 中其他各项的说明：

（1）"加我为朋友时需要验证"。如果你没有做上述第 2 点所说的隐私设置，也没有打开图 3.11 第一项的开关，那么任何人只要搜索到你的手机号 /QQ 号 / 微信号，无须得到你的允许就可以与你建立微信通讯关系，发送各种信息给你。如希望别人与你建立微信通讯时事先必须得到你的允许，那么你就要打开这项开关，在有人邀请你时，系统会给你提示通知，只有你接受后别人才能与你建立联系。

（2）"向我推荐通讯录朋友"。打开这一项的开关，在你的手机通讯录里的联系人如果开通了微信，微信系统会提示你此人自己已开通微信，此时，你可以点击此人的姓名后面出现的"添加"，邀请加为你的微信朋友。这与"向我推荐 QQ 朋友"的操作类似。

（3）"不让他（她）看我的朋友圈"。所有你的微信朋友往各自的"朋友圈"中发送信息后，如果他们没有设置朋友圈权限，你的微信"朋友圈"里会出现他们发送的信息。同样，你向自己的"朋友圈"发送信息后，如果你未做任何权限设置，你的微信通讯录里的所有人也可以在他们自己的微信"朋友圈"里看到你发送的信息。如果你不想让某人看到你发到自己"朋友圈"里的信息，就应该将此人列在"不让他（她）看我的朋友圈"这个范畴里。同样，如果你不想看到某个人的"朋友圈"的内容，就应将此人列入"不看他（她）的朋友圈"。具体操作方法是：点击这一项，在打开的界面上点击"+"，然后从展开的微信通讯录名单中选择需要回避的名字。

注意："不让他（她）看我的朋友圈"或者"不看他（她）的朋友圈"也可以在"发现→朋友圈"界面里操作，操作方法是长按某个人的头像，在出现的一个子菜单上点击"设置朋友圈权限"，就可以在上面设定。

## 3.5 其他设置

……

### 3.5.1 功能启 / 停用设置

在"我→设置→通用→功能"的界面（图 3.12）上可以看到微信有许多功能，有的功能已经启用，有的功能尚未启用。如果在这个界面上你看到哪些功能需要启用而未启用，可以在这里点击并启用它，也可以把无须启用的功能关闭。

点击打开一些已经启用的功能，可以进入下一个界面进行更多的操作，例如"群发助手"（图 3.13，详见"4.9 群发微信信息"）。

### 3.5.2 聊天背景设置

如果想改变聊天界面的背景画面，可以打开"我→设置→聊天→聊天背景"，然后选择一项，从中选取你喜欢的背景画面。

图 3.12

### 3.5.3 字体调整设置

打开"我→设置→通用→字体大小",移动界面下面的滑块,就可以调整字体大小,以适应阅读需要。

注意:在设置了字体大小后,如果阅读一篇文章时还是觉得字体小了点,可以把字再调大。具体操作是:文章打开后,点击屏幕右上角的 ⁝,在下拉菜单中选"调整字体",慢慢拉动屏幕下面的滑块,直到字体适中为止。

除了以上设置之外,还可以做更多的设置,例如语音播放模式、横屏模式、高速录音模式等设置,读者可以自己体会操作。

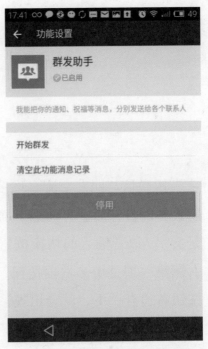

图 3.13

# 第 4 章 微信信息的发送方法

用微信与朋友交流有许多方法，这里我们介绍常用的几种。在聊天界面打开后，界面最下面一行为  。它的左侧是文字 / 语音输入的切换按钮，右侧第二项是"表情"输入按钮，右侧第一项是更多选项按钮。当左侧的按钮呈现为 时，手指在按钮右边点一下，就会出现输入文字的光标，同时在屏幕下部出现如图 4.1 所示键盘。

不同输入方式切换键

英文字母大小写切换键 ——— 退格键

文字/符号切换键 ——— 换行键

文字/数字切换键 ——— 中/英文切换键

图 4.1

提醒：发送任何一条信息后，如后悔了，需要在 2 分钟之内长按此信息，然后点击"撤回"，就可以撤销该信息。不过，"删除"

只能删除自己手机上的信息。

## 4.1　发送文字信息

发送文字信息是玩微信时最常见的操作，可以采用汉字拼音输入法、汉字手写输入法、语音变汉字输入法、英语字母输入法、数字和符号输入法等。

发送文字信息，手机键盘上有"符号 / 文字"切换键、"数字 / 文字"切换键、"中 / 英文"切换键、换行键、英文字母大小写切换键和删除前一个字符键。

发送文字信息，手机键盘列出了不同输入方式的切换键图标 . 点击左端第一项就展开若干个不同的汉语拼音输入法键盘，如图 4.2 所示。用手指将键盘往左拖移，就可以看到另外几个键盘，如图 4.3 所示。点击其中任一键盘，该键盘就放大了。

43

图 4.2

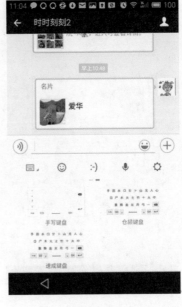

图 4.3

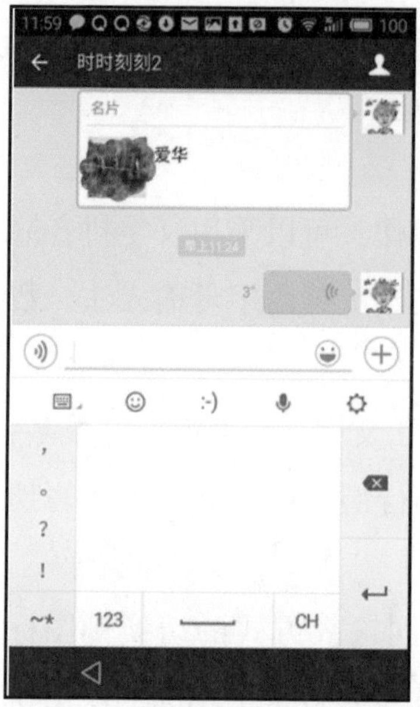

图 4.3 的 3 个键盘中，左上角的那个图标表示手写汉字输入法（图 4.4）。用手指在空白处写一个汉字，上面会出现相似的几个字供选择。切换键图标左端第二项、第三项点击打开后分别显示的是表情（图 4.5）、特殊符号（图 4.6）。用手指向左拖移这些图形，还会出现更多表情、特殊符号。

切换键图标右端第二项是语音变文字输入项。点击话筒形状的按钮，就出现图 4.7 所示界面。这时，用普通话说完一句话，点击"完成"（或者不点击，等一会儿），文字框中就出现了所说话的文字内容。

图 4.4

图 4.5

图 4.6

点击切换键图标右端第一项，进入手机的"设置"界面（图
4.8），它与在手机主屏幕上点击后进入的界面完全一致。

注意：如果要在一个群里向某个指定的人发送信息，可以在群
聊天界面中长按此人的头像，此人的昵称连同 @ 就会出现在下面的
文本输入框中，就可以输入文字了。

图 4.7

图 4.8

## 4.2  发送语音信息

有时候，人们会感到不管用拼音还是用手写来输入文字，都不
如直接讲话来得方便，那么，可以采用直接发送语音信息的方式。

打开与某人聊天或某聊天群的界面，点击微信聊天界面上
中的 按钮，就会出现 图标。
此时，手指按住中间的"按住说话"按钮，屏幕上将出现一个话筒
的图形（图4.9），这说明手机处在话筒录音状态，这时可以说话录音，

45

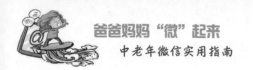

话说完后放手即可发送。一次最长可以录音1分钟,但到最后10秒时,会出现倒计时提醒。1分钟到后,录音自动停止。如果话还没说完,就再按"按住说话"按钮,继续录音。每一条语音信息发给你的朋友后,手机屏幕上呈现一条条绿色的语音信息(图4.10)。

图 4.9

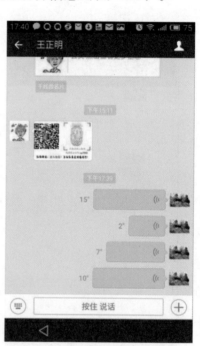

图 4.10

注意:语音信息不能转发。如果想把语音信息转发给别人,可以把它转换为文字,具体操作为:长按这条语音信息,在弹出的菜单(图4.11)上点击"转换为文字",手机屏幕上就会出现这段文字;长按这段文字,点击出现的"复制",再点击屏幕下方的"返回"按钮;回到前面的聊天界面后,切换到文字输入状态 ,在文字输入位置上长按,然后点击出现的"粘贴",这段文字就输入了。在语音转文字时,经常会出现由于口音等问题,文字转换得不准确的情况,便可以在这里进行修改。

在刚说完一段话还没有放手时，如果不想发送这条语音信息，将手指向上滑动，就可以放弃这段语音信息（见图 4.9 中间的文字"手指上滑，取消发送"）。

## 4.3　转发信息

如在与一个朋友或一个微信群的聊天记录中收到值得转发给别人的信息，可以长按这条信息，在弹出的菜单中选择"转发"，然后在出现的微信通讯录中选择转发对象，再选择"发送"即可。

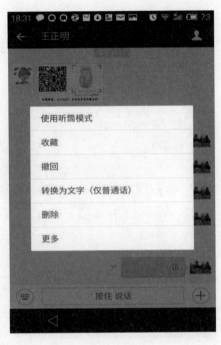

图 4.11

如果想把与一个朋友或一个微信群的聊天记录中若干条信息一起转发，可以长按其中一条信息，在弹出的菜单中选择"更多"，然后在要转的若干条信息右边框内打"√"，再点击屏幕底部左端的 📤，在出现的菜单中选择"合并转发"即可。

## 4.4　发送图片

······

### 4.4.1　发送图片给个人 / 微信群

单独给某个朋友或者某个微信群发送图片，只需要进入聊天界面之后点击 右边的"＋"，就能看到图 4.12 所示界面，其中包含 11 项微信聊天方法（用手指将屏幕向左拖移，可

图 4.12

以看到第 11 项是"实时对讲"）），第一项就是发送图片的按钮。

点击发送图片的按钮，就可以看到手机图库（或称为"相册"）中的图片和视频。不同类型手机对这些图片和视频有着不同的分类方式。在微信中点击图 4.12 中的"图片"图标，图库中的图片（图 4.13）就会全部展示出来。点击每张图片右上角的小方框，该图片就被选中。一次最多可以选择发送 9 张图片，选择之后，点击屏幕右上角的"发送"即可。

现在的手机拍摄的图片一般都大于 1MB，为了节省空间，微信发送图片时一般默认发送压缩后的图片。压缩后的图片在手机上看还可以，但在 iPad 屏幕上看，就显得有些模糊。人们一般希望能看到清晰的原照，这就要求在微信发送图片时发送原照。操作方法为：选好照片，发送前先点击屏幕底部的"预览"（图 4.13），再点击屏幕底部的"原照"左边的圆圈（图 4.14），最后点击"发送"。

### 4.4.2　发送图片到"朋友圈"

如果要发送手机图库的照片给

图 4.13

48

微信通讯录里的所有人或部分人，可以发送到"朋友圈"（详见"4.10
'朋友圈'的信息交流"）。打开"我→相册"，从出现的图 4.15
所示界面上点击"今天"，随后点击出现的屏幕中部右侧的"谁可
以看　公开"，则出现图 4.16 所示界面，选择后点击"完成"。如
果从出现的菜单选择"图片"，则可从展示的手机图库中最多选择
（点击照片右上角方框）9 张图片，然后点击图 4.16 下部的"谁可
以看　公开"，选择后点击"完成"。最后点击"发送"，就把这
些图片发送到了"朋友圈"。

图 4.14

图 4.15

　　如果没有选择"谁可以看"，则默认微信通讯录中的所有人都
能在自己微信的"朋友圈"中看到你发送的图片，即这些图片是"公
开"的。

　　在图 4.16 中选择"提醒谁看"，就可以在出现的微信通讯录界

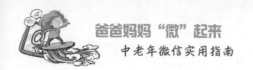
面上选择可以让其看到你发送图片的人，但不能多于 10 个人。这些人要在自己的微信"朋友圈"中去看这些图片。

在图 4.16 中选择"谁可以看"，会出现一个子菜单（图 4.17），其中 3 项意思都很清楚。而点击第三项"部分可见"后，会列出通讯录中按标签分类（详见本书 2.1.2 中标签的介绍）的微信朋友，也可以从这些标签分类中选择朋友类别。

图 4.16

图 4.17

## 4.5 发送即时小视频

在与朋友或微信群进行微信聊天时，点击 右边的"＋"，在出现的界面（图 4.12）上点击第二项"小视频"，就会出现拍摄视频的视场，此时手指一直按住"按住拍"，就会拍摄一段 10 秒钟的视频，拍摄完毕后视频就自动发出了。在拍摄前，如果觉得视场中被拍摄对象太小，则可以双击屏幕，对象就被放大了；再双击，对象就又回复了。

注意：iPad 版的微信没有发送即时小视频的功能。

## 4.6　发起实时对讲

微信中的实时对讲既可以一对一，也可以多人参与。多人实时对讲时，参与实时对讲的人必须都在同一个微信群里。

先打开一个微信群聊界面（图 4.12），点击 ⑴ 按钮（如果看不到这个按钮，将图 4.12 下半部屏幕往左拖移就可以看到），出现界面如图 4.18 所示（此时图上已经有自己的头像）。在群聊天界面（图 4.19）上，可以看到"n 人在实时对讲"的字样，有几个人参与实时

*51*

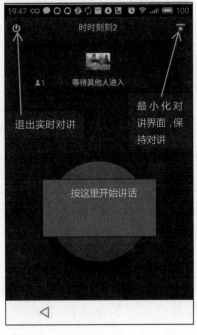

图 4.18　　　　　　　　　　图 4.19

图 4.20

对讲，群聊界面上就有几个人的头像（图 4.20）。

如何发现有人发起了实时对讲？自己又如何参与进去呢？在与某个人或某个群的聊天界面上，一般都能看见界面上的"×××（或 n 人）在实时对讲"，若想参与实时对讲，点击图 4.20 上的"实时对讲"，就进入了实时对讲，自己的头像也会在界面中出现。

如果开始讲话，必须按住界面（图 4.20）中的大圆盘，讲完话后及时放开。别人讲话时，不要去按大圆盘。按右上角的按钮，可以使对讲界面最小化，可以一边对讲一边做别的事；按左上角的按钮，可以退出对讲。

当在开通实时对讲的同时又在微信上做其他事情，微信界面上面会出现"×××（或 n 人）在实时对讲"的提示，若不再参与实时对讲，应该点击这条语句，回到对讲界面，点击 ⏻ 退出对讲。

## 4.7 进行视频聊天

视频聊天只能一对一进行。点击图 4.12 界面下部的按钮"视频聊天"，出现两个选项："视频聊天"和"语音聊天"。

选择"视频聊天"后，屏幕上出现如图 4.21 所示界面，同时响起等待对方接受的特殊铃声，这时候屏幕上显示的是手机屏幕正面的摄像头视场中的影像。如果你不想呼叫对方了，可以点击"取消"终止呼叫。一旦对方接受,屏幕上的影像就移到屏幕右角上去了(图4.22 ),屏幕大部分地方显示的是对方手机正面的摄像头视场中的影像。

图 4.22 界面下部有 3 个按钮:按左边一个,则可以把视频聊天切换到语音对话,这时相机就关闭了;按中间一个,则结束视频聊天;按右边一个,相机在手机正反面两个镜头间切换。在视频聊天过程中,3 个按钮会消失,只要轻点屏幕它们就会出现。

53

图 4.21

图 4.22

如果对方呼叫你,你的手机屏幕会出现如图 4.23 所示界面,同时有呼叫铃声响起,按照屏幕上 3 个按钮的功能选择操作即可;如果你呼叫对方,并选择"语音聊天",屏幕会出现如图 4.24 所示界面。

注意:如果在图 4.12 界面上找不到"视频聊天"按钮,则说明此项功能未启用,可以到微信"设置"中将此功能设置为"启用"(详见本书"3.5 其他设置" )。

图 4.23　　　　　　　　　　图 4.24

## 4.8　发送表情

　　人们常常在微信聊天中发送一些表情，使得聊天气氛更加浓烈。这些表情有的是一个笑脸或哭脸，有的是一些小动画……总之，这些表情极其丰富。

　　在微信聊天中添加"表情"有两个途径：第一个途径是点击图 4.1 中间 ▣ ☺ ;) 🎤 ⚙ 左边第二个按钮，就会出现图 4.5 所示的许多表情，任意选择一个即可；第二个途径是点击图 4.1 中间 ◀)) ☺ ⊕ 右边第二个按钮，屏幕下部也出现很多表情，这里的表情内容更加丰富，而且在最下面还有一行供选择的按钮 🎁 ☺ ♥ 👹 ⚙ 。点击 🎁 ☺ ♥ 👹 ⚙ 左边第二个按钮，会出现许多表情,它们与图4.5中的表情一样都是直接添加在文本框中的,可与文本信息一起发送;点击 █ 🙂 ♥ 👻 ✿ 右边第二个和第三个按钮,会出现许多图形较大的表情(这些表情大多是动画),点击这些表情,它们就单独作为一条聊天信息被发送。

　　用"魔漫相机"等软件也可以制作动画表情,添加到表情库中;还可以免费下载或者付费购买表情,添加到表情库中。

## 4.9　群发微信信息

　　有时候人们希望把信息发给一批朋友,但这些朋友并非在一个群里。这时可以使用"群发助手",具体操作方法为:打开"我→设置→通用→功能→群发助手→开始群发→新建群发",从微信通讯录中选择一批接收人,点击屏幕右上角的"下一步",然后输入文字或者发送语音信息即可。

## 4.10　"朋友圈"的信息交流

　　现在,每天关注一下微信"朋友圈",已经是很多人日常生活中必不可少的一部分。看得多了,兴致自然就起来了,少不了自己也会拍点照片、写点随笔什么的发到朋友圈里,希望能有很多人点赞。

### 4.10.1　什么是朋友圈

　　电子邮件是没有圈子概念的,只要知道世界上任何人的电子邮件地址,就可以向其发送电子邮件;如果没有网络监管,他(她)就可以收到你发的电子邮件。但是,微信是有圈子概念的,你想与

某人建立微信通讯关系，不仅需要某人开通微信，而且你在知道他的微信号/手机号/QQ号后，还必须向其发出"加他为你的微信好友的邀请"。如果双方都设置了"加我为朋友时需要验证"，而且其中一方向对方发出邀请，对方接受后，你们才能进行一对一的微信交流。

有了一对一的微信交流之后，对方的微信号/手机号/QQ号会进入你的微信通讯录中，凡是在你的微信通讯录中的人，都是你的微信朋友圈中的人。

在某个微信群里，可能会有你不认识的人，或者即使你认识但与其没有一对一交流的人。虽然你可以在微信群里在与大家交流的同时与此人交流，但此人的微信号/手机号/QQ号不在你的微信通讯录中，也就是说，即使你认识此人，但在微信系统中此人被定义为"陌生人"，既不是你的微信朋友，也不是你的微信朋友圈中的人。

对于自己发到朋友圈的信息，是可以设定"谁可以看"的权限的，可以在"我→设置→隐私"里设定"不让他（她）看我的朋友圈""不看他（她）的朋友圈"或"允许陌生人查看10张照片"的项目。这里设定的不让某人看自己的朋友圈，就是说，即使某人是你的微信通讯录里的微信朋友，也不能看你发到自己朋友圈里的东西。这里设定的"允许陌生人查看10张照片"，是指在微信群里那些与你没有建立微信朋友关系的人。既然别人不是你的微信朋友，看不到你朋友圈里的东西，那么，他在哪里能看到你允许他看的照片呢？

在微信聊天群里，点击屏幕右上角的双人图标，出现该群所有人的头像和昵称，如果点击一位在你微信通讯录里的朋友，就出现如图4.25所示的界面。在此人的信息界面上，你可以看到"社交资料""个人相册""个人签名"等项目。点击"社交资料"旁边的电话听筒图标，可以看到此人的手机号码（需要说明的是，你只有是用此人手机号与之建立微信通讯关系的，才能看到其"社交资料"；如果你是从微信群里点击此人的头像，通过点击图 4.26 上的"添加到通讯录"，或者直接用其微信号与之建立微信关系的，就都看不到"社交资料"这一项）；然后点击"个人相册"，可以看到此人发送到自己朋友圈里的包括照片在内的许多信息（如果此人设置了个人签名，这里会显示其个人签名）。

　　如果你点击一位上面所定义的"陌生人"，出现的界面如图 4.26 所示。在此人的信息界面上你看不到"社交资料"，但可以从其"个人相册"里看到其发送到自己朋友圈里的最多 10 张照片以及"个人签名"。如果此人在"我→设置→隐私"里关闭"允许陌生人查看 10 张照片"的开关，那你就连 1 张照片都看不到。根据图 4.26 上的"添加到通讯录"，你也就可以知道此人是"陌生人"。

图 4.25

图 4.26

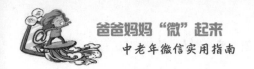
下面介绍的向朋友圈发送的各种资料，都可以随时设置"谁可以看"，具体操作方法为：打开想要转发 / 发送到朋友圈的信息、图片、视频，点击屏幕右上角的 3 个点图标，再点击"分享到朋友圈"后，出现图 4.27 所示界面。这时直接点击右上角的"发送"，或者点击"谁可以看"之后，在下一个界面中（图 4.28，在"公开"旁边有一个"√"）直接点击"完成"，则所有人都能看；如果在图 4.28 中点击"部分可见"，列出图 4.29 所示的通讯录中按标签排列的分组名单（详见本书"2.1.2 通讯录"），则可以选择对其可见的一组或几组朋友；如果在图 4.28 中点击"不给谁看"，列出整个微信通讯录，则可以从中选择对其不可见的人；如果只想给少数人看，可以在图 4.27 中选择"提醒谁看"，则可以从列出的整个微信通讯录中选择对谁可见。

图 4.27　　　　　　　　　　　　图 4.28

## 4.10.2　如何向朋友圈发送信息

### 1. 向朋友圈发送照片或视频

在本书 4.4 节和 4.5 节中已经介绍了关于发送图片和视频到朋友圈的操作，这里介绍另外一种方法：打开"发现→朋友圈"，点击屏幕右上角的照相机图标 📷，在出现的菜单中选择"照片"，可以在手机图库中选择最多 9 张照片或视频，点击"完成"，然后选择"谁可以看"，最后点击"发送"，照片或视频就发送到朋友圈中了。

拍摄小视频也是这样的操作过程。如果没有选择谁可以看，即视为选择了"公开"，那么所有与你有一对一微信通讯关系的人，在自己的微信朋友圈中都可以看到你发的照片或视频。

图 4.29

### 2. 向朋友圈转发文章

人们经常喜欢把自己收到的各种有意义、有趣的信息，好看的视频或好听的音乐转发给朋友分享。但是，文字信息不能转发到朋友圈，只有文章才可以转发。具体操作方法为：在打开文章（可以带有图片、音乐或视频）后，点击屏幕右上角的 3 个点图标，然后点击"分享到朋友圈"，在设定（或默认不设定）谁可以看后，就可以转发了。

### 3. 阅读/点评朋友圈内的信息

打开"发送→朋友圈"，可以看到微信朋友发到各自朋友圈的各种各样的信息。如果微信朋友发到朋友圈的是一组照片，你在屏

幕上看到的是有序排列起来的小照片，最多9张（3×3排列），可以点击其中的图片，进行放大观看，左右拖移屏幕可逐张观看。

如果微信朋友很多，"朋友圈"里的信息就会多得让你目不暇接，可上下拖移屏幕选择观看。如果你不想看某些人的朋友圈信息，可以设置"不看他（她）的朋友圈"，具体操作方法为：打开"我→设置→隐私→不看他（她）的朋友圈"，在打开的界面中点击"+"，从名单中选择后确定即可。

如果你想对微信朋友发送在朋友圈中的信息进行评论，点击信息右下方的两个点的图标（图4.30），就出现"赞"和"评论"的图标（图4.30）。点"赞"，就发送一个符号♡；点"评论"，就可以在文本框中（图4.31）写一段评论发送。

图 4.30

图 4.31

**4.　向朋友圈发送纯文字信息**

前面已述及，文字信息不能转发到朋友圈。但如果想把别人发来的文字信息转发到朋友圈，则需要把整段文字信息复制下来，在朋友圈发送文字信息的地方粘贴，加以修改后发送。自己也可以在朋友圈里写一段想说的话发送。具体操作方法为：打开"发现→朋友圈"，长按屏幕右上角的照相机图标 ，在出现的"发表文字"界面（图4.32）内写字，写完后点击"发送"。

图 4.32

**5.　删除朋友圈的信息**

"发现→朋友圈"界面上的信息，自己发送的文字信息和转发的信息才可以由自己删除，其他朋友发到自己的朋友圈的信息，你只能看到，不能删除。但是，朋友圈里这么多的内容，怎么才能删除啊？如果不能删除的话，会不会占用很大的手机存储空间？不要担心，它们不占用手机存储空间，因为那些信息在微信朋友自己的手机微信里。

**6.　停用朋友圈**

有时候我们会发现，微信朋友圈里发的广告很多，假信息也是铺天盖地，使人不厌其烦，你可以设置"停用朋友圈"。具体操作方法为：打开"我→设置→通用→功能"，点击其中的"朋友圈"，然后点击"停用"，在出现的"停用该功能同时将清空历史数据"下面点击"清空"。此时，朋友圈就停用了，在"发现"中就看不到朋友圈了。

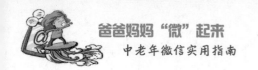
如果你想再启用"朋友圈"，那么，打开"我→设置→通用→功能"之后，在"未启用功能中"点击"朋友圈"，就可以恢复使用了。

## 4.11 如何打开用微软办公软件编制的文档

我们在微信中经常会收到用微软 Word、Excel、PowerPoint 等办公软件编制的文档，这些文档的扩展名为 DOC、XLS、PPT（PPS）；另外，还有一种专门编制用于出版文章的软件名为"PDF 编辑器"，用它编制的文档的扩展名为 PDF。这些文档在微信中直接打开会出现一些问题，比如说，打开后文档里的内容乱了，或者是 PPT（PPS）这种有声音、动画的文档打开后只有幻灯图片而没有声音、动画，甚至有的文档根本打不开。如要正常打开这类文档，应该在手机或平板电脑中下载安装 WPS Office 软件，下载安装方法类似于前述的下载安装微信软件的方法。

在安卓系统的手机上安装了 WPS Office 软件后，微信中的上述文档可以正常打开了，但是 PPT（PPS）文档虽然可以播放，但是不流畅，而且没有声音。

在 iPad 上安装了 WPS Office 软件后，在微信中打开 DOC、XLS、PPT（PPS）文档需要"用第三方（或其他）应用打开"。比如说，当在微信中打开这些文档后，你会发现 DOC 和 XLS 文档的内容可能是乱的，如图 4.33 所示是 XLS 文档，打开后左边一栏的日期显示不完整。这时必须点击屏幕右上角的转弯箭头（图 4.34），就会出现有 3 个选项（发送给朋友、收藏、用其他应用打开）的菜单，点击其中的"用其他应用打开"，然后在出现的图 4.35 所示的界面中点击 ，DOC 或 XLS 文档就会正常显示。比较一下图 4.36 和图 4.33，就可以看出用 WPS 打开 XLS 文档前后的效果。

| 2015年秋季基础班课程安排（每周二） | | | |
|---|---|---|---|
| 序号 | 日期 | 课程内容 | 授课老师 |
| 1 | 9月8日 | 汉字输入及邮箱操作（复习） | 卢传X |
| 2 | 9月15日 | 无影魔术手 | 钮X平 |
| 3 | 9月22日 | 无影魔术手 | 钮X平 |
| 4 | 9月29日 | 无影魔术手 | 钮X平 |
| 5 | 10月13日 | 云盘的作用及使用 | 陈泽Y |
| 6 | 10月20日 | 软件的下载安装及卸载 | 夏Y骅 |
| 7 | 10月27日 | windows自带小软件 | 夏Y骅 |
| 8 | 11月3日 | windows自带小软件 | 夏Y骅 |
| 9 | 11月10日 | 网购 | 马Z平 |
| 10 | 11月17日 | 网购 | 马Z平 |
| 11 | 11月24日 | word简介 | 钮X平 |
| 12 | 12月1日 | word简介 | 钮X平 |
| 13 | 12月8日 | 电脑学习点点滴滴 | 王C明 |
| 14 | 12月15日 | 电脑学习点点滴滴 | 王C明 |
| 15 | 12月22日 | 电脑学习点点滴滴 | 王C明 |
| 16 | 12月29日 | 答疑 | 全体老师 |

图 4.33

图 4.34

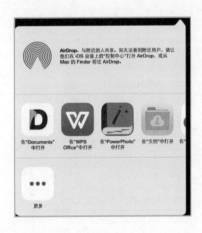

图 4.35

| 2015年秋季基础班课程安排（每周二） | | | |
|---|---|---|---|
| 序号 | 日期 | 课程内容 | 授课老师 |
| 1 | 9月8日 | 汉字输入及邮箱操作（复习） | 卢传X |
| 2 | 9月15日 | 无影魔术手 | 钮X平 |
| 3 | 9月22日 | 无影魔术手 | 钮X平 |
| 4 | 9月29日 | 无影魔术手 | 钮X平 |
| 5 | 10月13日 | 云盘的作用及使用 | 陈泽Y |
| 6 | 10月20日 | 软件的下载安装及卸载 | 夏Y骅 |
| 7 | 10月27日 | windows自带小软件 | 夏Y骅 |
| 8 | 11月3日 | windows自带小软件 | 夏Y骅 |
| 9 | 11月10日 | 网购 | 马Z平 |
| 10 | 11月17日 | 网购 | 马Z平 |
| 11 | 11月24日 | word简介 | 钮X平 |
| 12 | 12月1日 | word简介 | 钮X平 |
| 13 | 12月8日 | 电脑学习点点滴滴 | 王C明 |
| 14 | 12月15日 | 电脑学习点点滴滴 | 王C明 |
| 15 | 12月22日 | 电脑学习点点滴滴 | 王C明 |
| 16 | 12月29日 | 答疑 | 全体老师 |

图 4.36

　　对于打开 PPT（PPS）文档来说，操作还要麻烦一些。图 4.34 是直接在微信中打开 PPT 所显示的结果，可以看见屏幕上的文字是乱的（没有声音和动画效果）。正确的操作方法为：在点击图 4.34 屏幕右上角的转弯箭头后，同样选择"用其他应用打开"，点击 之后片刻又会显示一个与图 4.34 基本相同的界面。此时在屏幕上轻点一下，右上角就会出现 3 个图标 ，然后点击右边的三角

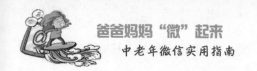
形图标，PPT 文档就可以正常播放了，既有声音又有动画。

　　注意：在 iPad 的微信上，用 WPS 打开了 XLS、PPT 文件后要退出来，必须点击屏幕右上角或左上角的"×"，然后回到主屏幕，再重新进入微信界面。

# 第 5 章　微信资料的管理

人们在玩微信的时候，经常会收到一些微信资料，可以有选择性地对这些资料进行收藏或保存。也有一些资料不太重要，可以选择丢弃，给收藏或保存重要资料腾出存储空间。另外，根据手机存储空间需要，可定期对微信聊天、微信通讯录中的朋友、微信群进行清理。因此，老年朋友在玩微信时，需要了解一些资料管理方面的操作。

## 5.1　微信资料收藏与保存

在玩微信时，经常会收到朋友发来的照片、视频或者含有图片、视频的有趣文章，如果你想保存它们，该怎样操作呢？

一般来说，保存这些资料可以采取两种途径：一种途径是保存到手机（占用手机空间），或者转存到电脑；另一种途径是保存在微信的"收藏"（腾讯微信云端服务器）中。

### 5.1.1　如何保存微信资料

#### 1. 图片的保存

在微信聊天界面中，点击打开一张照片或者视频（或者在打开的一个图文并茂的文件里选中一个照片或视频），然后长按它，在下拉的菜单里选择"保存到手机"，照片或视频就可以保存到手机里。

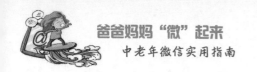
图片保存后，只要打开手机主屏幕上的"照片"，就可以看到这些保存的图片。这些照片一般与其他拍摄的照片存放在一起。安卓系统的手机与 iPhone 不同，用户可以通过查阅手机的文件夹来找到图片，具体操作方法为：手机主屏幕上有一个应用程序图标"文档"或者"我的文件"，打开之后，可以看见一层层的文件夹，逐层打开文件夹"Tencent → MicroMsg → WeiXin"便可找到图片。

对于可以插入 SD 卡的手机，图片一般保存在 SD memory card 的文件夹"Tencent → MicroMsg → WeiXin"中。当打开手机主屏幕的"图库"或者"相册"找不到这些图片时，可以按照上述路径查看一下。

### 2. 视频或音乐的保存

在图文并茂的文章中，经常会看到带有播放按钮（图 5.1）的视频或者音乐。此时，长按视频或音乐,在出现的菜单中点击"复制链接",就可以将该视频或音乐的网页地址复制到手机的"剪贴板"中。然后，打开手机上的"备忘录"或者"便签"，将这个链接地址粘贴到备忘录中，并标上这段音乐或视频的名称，最后点击"完成"即可。下次再碰到自己喜欢的视频或音乐，可以同样的方式将其粘贴在同一段备忘录中。

当积累了很多条视频或音乐链接地址后，就可以将备忘录发到自己的邮件，然后通过电脑接收邮件，最终可将它们保存到硬盘里。

图 5.1

66

注意：也可以直接把复制的网页地址粘贴到邮件正文里发送给自己。

**3. 文章的保存**

打开要保存的文件，点击手机屏幕右上角的 ⋮，可以看到，在下拉菜单中除了有"复制链接"外（与上述操作相同），还有"发送邮件"，点击这一项就直接打开了邮件，然后填写邮件接收者，即可以发送邮件。邮件的内容可以是一个链接地址，因为这篇文章是网页上的文章。

**4. 文字信息的保存**

长按想要保存的一段文字信息，在出现的菜单上点击"复制"，这段文字就复制到手机的"剪贴板"上去了。然后，在手机的备忘录（或者"便签"）的新建页上长按，再点击出现的菜单上的"粘贴"，这段文字就保存到备忘录上了。这段文字也可以粘贴到手机短信或者邮件上，根据需要进行修改后，照样可以发送。

## 5.1.2　微信"收藏"简介

我们经常在手机微信上看到非常不错的文章、图片、视频、音乐等，为了以后能方便地打开再欣赏，可以选择把这些资料收藏起来。那么，如何收藏这些资料呢？

点击微信界面中的"我"，就可以看到"收藏"这一项。只要长按任意一条微信信息，在拉出的菜单中点击"收藏"，信息就被收藏了。

但是资料收藏后，我们会发现所有收藏的资料是按收藏时间的先后排列的，最新收藏的排在屏幕最上方，要查找过去收藏的信息，就必须将屏幕不断地向上滑动，直到找到要看的资料为止。因此，要想轻易地在"收藏"里找出一个资料似乎有点困难。下面介绍可

图 5.2

以方便、快捷地查找收藏资料的两个途径。

**1. 按搜索图标查找文件**

在"收藏"界面上，点击屏幕上部的放大镜图标 🔍 ，就会出现图 5.2 所示界面。微信系统会根据"收藏"中的文件的属性自动将文件分别归类为 5 项，即链接、图片、语音、音乐、视频，你可以通过点击这 5 个图标，从打开的列表中查找需要的资料。

**2. 按编辑标签查找文件**

新版本的微信增加了一项新的功能，即给微信信息（文件）编辑标签，用户就可以根据标签来查找文件。编辑标签可以根据自己的喜好进行，例如可以按文件的内容为文件编辑标签，比方说风光、合唱艺术、钢琴曲、保健与养生等。

编辑标签的操作方法为：在"收藏"界面上，长按一条信息，在下拉菜单中点击"编辑标签"进行编辑；或者点击打开一条信息后，点击屏幕右上角的 ⋮ ，在下拉的菜单（图 5.3）中点击"编辑标签"，在出现的图 5.4 所示界面上进行编辑。如果已经给部分文件编辑过标签，那么在图 5.4 的中部就会出现曾经给出过的标签，可以从这里面选择一个或几个符合当前文件内容的标签赋予当前文件；如果在已列出的标签中没有适合于当前文件内容的，则可以在屏幕顶部"添加标签"栏里填写一个新的标签，最后点击"完成"即可。

注意：可以为每个文件编辑不止一个标签。

图 5.3

图 5.4

　　如果要按文件内容来查找文件，点击"收藏"界面上部的放大镜图标，从出现的图 5.2 所示界面中部的标签中点击一个图标，就可从列出的所有带有这个标签的文件中查找文件。

### 5.1.3　微信"收藏"现场制作

　　"收藏"还有一个功能，就是可以在现场制作并保存文字、语音、图片和地理位置信息。打开"我→收藏"，点击屏幕右上角的"+"，在下拉出的菜单（图 5.5）中有几个可选项，非常方便用户进行微信"收藏"现场

图 5.5

制作。

### 1. "文字"

打开界面后，可以直接输入文字，输完后点击"完成"即把该文件保存在"收藏"中了。

### 2. "语音"

打开界面后，按住下面的"按住说话以收藏"就可以开始录音，放开手录音结束，语音文件就自动保存在"收藏"中了。

### 3. "图片"

打开界面后，手机图库中的图片都出现在屏幕上，最多可以选择9张照片，然后点击"完成"，这些图片就保存在"收藏"中了。

### 4. "地理位置"

假如你的手机设置为允许GPS定位，那么你到某个地方时，打开"收藏"中的"地理位置"，系统会自动展示你所在地周边的地图，并列出你附近一些街道、社区、大楼等的名称，点击这些地名，地图上就会自动为你指出这些地标的位置。点击"下一步"后，系统自动在"收藏"中保存以某个地标为中心的这个地图。此时，还可以点击屏幕右上角的 ⋮，为你展示更多的导航信息。

至于微信是如何进行导航的，详见"附录A"介绍。

## 5.1.4 "收藏"文件是否占手机存储空间

打开"我→收藏"，点击屏幕右上角的"+"，在下拉的菜单（见图5.5）上部可以看到"收藏容量剩余××MB（共1.0 GB）"。由此可见，一般用户可能会以为微信的"收藏"占用手机1.0 GB的存储空间。实际上不是的，所有存放在"收藏"中的内容的确是被收藏起来了，但收藏的地点在"云上"，也就是在腾讯公司的云服务器里。换句话说，用户在玩微信的过程中，凡是其觉得有保存价值的东西，都可以请系统帮忙收藏到"云上"。这样一来，即使更换手机，在新手机或者平板电脑上，用同一个微信账号登录，依然能够查看到以前收藏的资料。

因此，"收藏"文件的内容不占手机的存储空间。只不过，每次打开"收藏"，它所保存的东西都得从"云上"下载一遍，所以要等下载完才能全部看到。

## 5.2　微信聊天记录删除

⋯⋯

### 5.2.1　如何删除微信聊天记录

**1. 删除个别聊天记录**

在与某个人或某个群的聊天记录界面上，要单独删除一条记录，长按这条记录后，在出现的菜单上点击"删除"即可。

如果要将挑选出的一批记录加以删除，可以长按一条记录后，在出现的菜单上点击"更多"，这时界面上列出所有记录，每个记录右边有一个小方框，逐一点选要删除的记录（点选后右边的小方框里出现"√"），然后点击屏幕下面的垃圾桶标记 🗑，最后点击"确认"即可删除。

**2. 整体删除聊天记录**

打开微信主界面，点击屏幕左下角第一项"微信"，就进入了微信聊天界面。这里列出的是安装微信软件后没有被删除的所有与你进行过微信聊天的朋友和微信群。点击某个人或某个群，所看到的就是你与这个人的所有未删除的聊天内容，或者是在这个群里你曾发出的和群友发出的聊天信息。

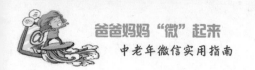
如果想删除与某个人或者某个群曾经有过的聊天记录，可以选择整体删除这个人或这个群的聊天记录（包括人名或群名）的做法，具体操作方法为：在安卓手机上，长按这个人名或群名，在下拉菜单中点击"删除该聊天"；在 iPhone 或 iPad 上，向左拖人名或群名，然后点击右端出现的"删除"。

### 3. 清空个别聊天记录

在与某个人或某个群的聊天记录界面上，点击屏幕右上角的单人或双人图标，再点击选项中的"清空聊天记录"即可。

注意：清空聊天记录不会删除人名或群名。

### 4. 整体清空聊天记录

逐层打开"我→设置→聊天→清空聊天记录"，再点击"清空"，可以一次性清空所有个人和微信群的聊天记录。

由于"微信通讯录"和"收藏"的内容都保存在腾讯的服务器中，所以"清空聊天记录"不会清空这两项的内容，但是，微信主页面的"微信"里面就被清空了，这时可以通过"通讯录"建立新的聊天记录。

## 5.2.2　查看/清理微信存储空间

有时微信玩久了会产生大量的缓存垃圾数据，这样可能导致手机运行缓慢，这时可以对这些缓存垃圾进行清理。逐层打开"我→设置→通用→清理微信存储空间"，系统就开始自动清理，清理完毕后会告诉你，微信还占用多少空间。

在这种状态下，点击界面上的"查看微信储存空间"（图5.6），你就能看见所有与你有微信聊天记录的人和群各自占用多少空间（图5.7）。在这里，还可以选择一部分你认为可以清理的人和群，然后点击屏幕右下角的"删除"，一次性成批清除它们所包含的聊天记录，也可以腾出一些空间。

图 5.6　　　　　　　　　　　图 5.7

## 5.3　微信表情保存与删除

在本书 4.8 节中介绍了"发送表情"，这些表情在微信聊天中起到了表示温馨祝福、活跃气氛的作用。那么，怎么保存在微信中收到的表情呢？表情收存太多而无法再保存新收到的表情时，又如何删除以前保存的表情呢？

长按欲保存的表情，点击下拉菜单中的"保存表情"或"添加到表情"，就可以把表情保存下来。

**注意：**保存的表情在微信聊天时可以为自己所用，但有的表情不能保存。

当表情保存太多了，以至于表情库不能再收纳新的表情时，再

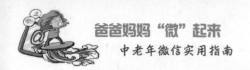

图 5.8

按上述操作保存表情时，系统会给出存储空间不足的提示。这时就需要删除表情库里的部分表情，操作方法是：逐层打开"我→设置→聊天→表情管理→我收藏的表情"（图 5.8），点击屏幕右上角的"编辑"，在下面每一个表情的旁边出现一个方框，点选要删除的表情（点选后右边的小方框里出现"√"），然后点击屏幕右下角的"删除"，再点"确定"即可删除。

# 第 6 章　微信在生活中的应用

微信用户分为两大类：一类是普通用户，他们把微信作为通讯工具和生活助手，借助微信交友、看新闻、听音乐、看视频、玩游戏、付费、购物、查地图和团购订餐等，广大老年朋友就是属于这类用户；第二类用户包括政府机构、企业、商家、学校、社会团体、电视台和社会名人等，他们通过微信公众平台与客户打交道。

## 6.1　无所不在的微信公众号

如上所述，微信公众平台就是那些为公众服务的机构通过微信这个渠道来为客户服务的"门面"，用户需要服务时无须到实体机构（如大楼、街头店面等）去，只需要通过它们的微信平台就能办好。它们只要通过网络向腾讯微信服务器申请，签订《微信公众平台服务协议》，填写一些必要的注册信息，就可以完成微信公众账号的创建。从微信账号的层面上讲，它们和普通微信用户一样，只要将某个微信公众号添加为微信朋友，双方就建立了微信朋友关系。而且因为是服务机构，它们更希望和更多人交朋友，会把自己的微信公众号公布在公共场合，一旦用户关注它们的微信公众号，就会收到微信公众号不断地发出的各种信息。

现在，微信公众号可谓多如牛毛，无处不在，在大街小巷、超市商场、在报纸刊物……到处都能看到微信公众号的二维码，用手机微信"扫一扫"，屏幕上就会出现微信公众平台所发布的各种信息。

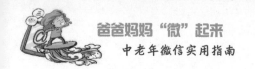
例如，在《新民晚报》的旅游广告中扫描"浦江县旅游"的二维码，就出现如图6.1所示界面；在一把扇子上扫描"上海市闵行区图书馆"的二维码，就出现如图6.2所示界面。

图 6.1                            图 6.2

### 6.1.1    选择微信公众平台

对于无处不在的微信公众号，你不可能把它们都列为自己的微信朋友，所以事前需要作一些了解和选择。从图6.1和图6.2中可以看到，每一个微信公众平台的第一页第一条是该平台或机构的名称，还有"功能介绍""账号主体""客服电话""查看历史消息""查看地理位置""关注"等几项。

一旦点击了"关注"，就等于你邀请它成为你的微信好友，它就会不定时地、源源不断地把它所有的资讯发到你的手机微信号，甚至还有一些"恶意"的微信公众号设计陷阱引诱你上当。因此，在关注微信公众号前，你要查询一下，看看它们提供哪方面的服务，它们的机构是什么性质，等等。

　　点击"账号主体"，你可以了解微信公众平台的账号认证情况和机构的性质等。

　　点击"客服电话"，你可以立即拨打客服电话咨询。

　　点击"查看历史消息"，屏幕上会显示按时间排列的该平台发布的资讯（图 6.3）。这些信息实际上与我们所收到的微信朋友转发来的信息一样，以同样的形式出现，即图文并茂（包括图片、音乐和视频等，见图 6.4 和图 6.5），你可以逐条打开信息阅读。

　　点击"查看地理位置"，屏幕上会显示以微信公众平台为中心的地图（图 6.6），你可以用手指滑动来放大或缩小地图，查看周边的情况。

图 6.3

图 6.4

图 6.5 图 6.6

在了解微信公众平台的基本情况后，如果你愿意经常接收到这个平台发布的信息，就点击"关注"，这实际上就是向此平台"订阅"了其所发布的信息。

"关注"了一个微信公众平台之后，这个平台的名称并不像你与微信朋友的聊天记录那样，以朋友的名称排列在微信聊天记录界面内。在微信聊天记录界面内，你会找到一个以"订阅号"为名的一组聊天记录，打开它，你会发现所有你"关注"的公众平台都列在其中，在每一个名称的旁边标记着有多少条信息你还没有读过。

点击任何你"关注"的一个微信公众平台名称，平台上就会列出自你"关注"之后它发送给你的所有资讯。在有些公众平台的信息列表下部，还有 3 个可选项，你可以选择打开来操作。

凡是你"关注"的微信公众平台发给你的所有信息，都和朋友发给你的微信聊天信息一样，占用你手机的存储空间。因此，建议你不要"关注"太多的公众平台，而且阅读过的不需要保存的信息要及时删除（长按这条信息，点击"更多"，再点击图标▥，就可删除这条信息）。不需要再订阅的微信公众平台，也可以删除（点击这个平台的名称，再点击"删除此聊天"）。

## 6.1.2　查找微信公众平台

很多刚接触微信的老年朋友常常感到困惑，不知道如何查找公众号，这里推荐几种方法。

### 1. "扫一扫"二维码

前面已述及，在日常生活中，二维码到处可见，如果你对什么东西感兴趣，就可以扫一扫这个东西的二维码。

"扫一扫"实际上就是采集到了二维码所包含的信息，并由微信软件通过手机把这个信息发送到腾讯微信云端服务器的过程。服务器对这个信息进行分析后，如果确定二维码只是代表一位普通微信用户，就会通知该二维码的"主人"：我的微信用户希望你成为他（她）的微信朋友；如果服务器确定该二维码代表已经在微信服务器上注册过的某个微信公众平台的公众号，那用户就可以在手机屏幕上看到该平台的操作界面。

因此，当你扫描该二维码之后，手机屏幕上就出现如图 6.1 所示的界面，你可以通过"查看历史消息"对该平台进行详细的了解，然后决定是否"关注"。你也可以不点击"关注"，记住该公众号，想看它的信息时，按下文所述方法进去查看。

### 2. 在"添加朋友"输入微信公众平台名称

在微信主页点击右上角的"+"，在下拉菜单中点击"添加朋友"，就出现图 6.7 所示界面。点击界面最下面一项"公众号"，就出现

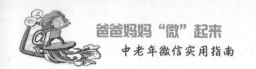

图 6.8 所示界面，把你想要查阅的微信公众平台名称（如图 6.8 中的"橄榄钢琴课堂"）输入最上面的文本框内。然后点击"搜索"，屏幕上会出现与你填写的微信公众平台名称相类似的几个公众平台，从中选择并点击你需要的那个平台，就会出现该平台的首页。

图 6.7　　　　　　　　　　　图 6.8

如果你不知道想要找的微信公众平台的名称，可以填写一个大致相近的名称。例如，你想查找"南京大学上海校友会"，但并不知道它的全称，输入"南京大学"就可以了。屏幕上会列出一系列有关的名称，如"南京大学学生会""南京大学就业中心""南京大学图书馆""南京大学上海校友会""南京大学金陵学院图书馆"等，供你挑选。

### 3. 在文章顶部点击公众平台名称

当打开一篇微信文章时，你会看到文章顶部、标题下面日期右边有一串灰蓝色的文字，那就是发表这篇文章的公众平台名称，只要点击这个名称，就可以打开发表这篇文章的公众平台的首页。

4. 长按文章上面或者底部的二维码或者指纹图形

在用最新版微信的制作软件编制的微信文章里，一般都在文章前面或者文章底部插入一个二维码图形（图 6.9），有的二维码旁边还带一个指纹图形（图 6.10）。你可以直接长按二维码图形，或者长按指纹图形，就能打开发表这篇文章的公众平台的首页。

图 6.9                    图 6.10

81

## 6.2  日常生活微信公众平台

随着微信软件版本的不断更新和公众平台数量的剧增，微信已经不再是几年前人们刚开始使用时所认识的一种通讯和交友方式，现在它已经成为人们生活中不可或缺的助手。在这里介绍的微信在

图 6.11

生活中的应用实例，仅仅是笔者自己体验过的有限的一些项目，还有很多是笔者还不曾了解或尝试过的，读者可以自行尝试体验。

### 6.2.1 新闻播报公众平台

微信公众平台"冯站长之家"每天为微信用户送出《三分钟新闻早餐》（图 6.11），包括国内外新闻、财经证券、文化体娱、生活服务、健康养生等方面的新闻资讯。该平台专门推出了语音播报，老年人视力不好，可以舒舒服服地听新闻。该平台每天还推出历史上的今天、医疗晨报、财经新闻等其他新闻资讯，喜欢看新闻的微信用户在这个平台中可以了解天下事。

### 6.2.2 音乐公众平台

比方说，民歌中国、歌唱艺苑、经典音乐推荐、橄榄古典音乐、欧美经典音乐和悠悠钢琴网等音乐公众平台也层出不穷，提供了丰富多彩的音乐学习和欣赏的作品。一般在一篇关于音乐的文章中，既有文字介绍，又有视频片段，甚至有音乐演奏曲。微信用户可以尽情去享受，再不需要去收集大量的音乐 CD 或 VCD，也不需要去将大量的音乐作品保存在电脑硬盘上。你可以到各个音乐公众平台去搜索，发现好的值得保存的曲目，就及时"收藏"起来，并随时可以打开"我→收藏"，按标签将想听想看的音乐作品拿出来播放。

### 6.2.3　读书学习公众平台

俗话说"活到老学到老"，相信正在学习使用微信的老年朋友，都是思想积极向上、有着一颗年轻的心的人。众多的微信公众平台从各个角度不断地为老年朋友推出其所喜闻乐见的文章，比方说，《金色年代》《新老人》《慈怀读书会》《成功智慧》《洞见》《古典书城》《冷眼文摘》《生命教练智慧》《上海望龙文化》《生活小助理》《大众医学》《医学信使》和《传统体育养生》等。希望列出这些好文章，能激起广大老年朋友的阅读兴趣，引导他们挖掘出自己喜爱的优秀公众平台。

老年人的退休生活还包含餐饮、旅游、摄影、书画、跳舞、唱歌、编织、运动和游戏等，所有这些都可以求助于微信公众平台的帮助。只要按"6.1.2　查找微信公众平台"所介绍的，在微信主页"添加朋友"，输入你要查询内容的主题，就可获得大量的与此主题有关的微信公众平台名称。

## 6.3　政府机构微信公众平台

随着微信技术的不断发展，各政府机构也把微信作为向民众传递民生服务信息、拓展便民办事功能的渠道，在微信平台上架起了政府与民众沟通的桥梁。

例如，2011 年 11 月，上海市政府新闻办官方微博以"上海发布"为名称上线，"上海发布"微信版又于 2013 年 6 月正式亮相。以往民众需要东奔西走才能办的"麻烦事"，如今动动手指就能搞定。例如，市民若想预约护照和港澳通行证办理，只需在"城市服务"平台上进行资料提交即可完成；其他诸如验车预约、车辆及驾照违

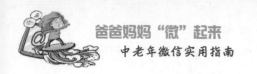

章查询、发票真伪查询、图书馆查询等事项也都可以轻松搞定。"上海发布"自 2014 年 10 月推出政务微信升级版以来，已相继为市民提供出入境办证预约、电子监控违法查询、驾照违法记分查询、交通卡余额查询、结婚登记预约、公积金查询、养老保险查询、医疗保险查询、实时路况查询、空气质量查询和天气查询等服务。"上海发布"又于 2015 年 3 月 7 日开通实时公交查询功能，进入"上海发布"微信"市政大厅"后，市民输入公交线路，不仅能查到离自己最近的一趟公交车的距离、大约等候时间，还能知道公交车的车牌号，因此深受广大市民欢迎。

又如，上海图书馆在 2013 年 12 月推出"上海图书馆"微信服务号，将图书馆服务与微信平台整合，提高了图书馆信息化服务水平。读者可通过一键操作的形式进行书目查询、已借图书查询、图书续借、图书推荐、参考咨询、活动报名等，也能通过定位功能可以搜索自己所在地附近的图书馆，还能通过微信号为读者提供推送借还书通知等。

实际上，全国各大城市陆续开通了"水、电、煤气、电信电话"通过微信缴费的公众平台。比如说，2014 年 8 月"付费通账单查缴"微信公众号也在上海正式上线，上海市民可通过手机微信随时

图 6.12

随地支付这些家庭账单。2015 年 4 月 7 日上海 "微信城市服务" 正式上线。上海地区的微信用户只要将微信升级到最新版本，打开微信 "我→钱包→城市服务"，即可享受包括医疗、交管、气象环保、生活缴费、公安、住房、税务和文化生活（图 6.12）等方面的服务。

## 6.3.1　政府发布

下面以 "上海发布" 为例介绍普通微信用户如何利用政府机构微信公众平台来便捷地处理日常生活中的诸多事项。

第一次查找 "上海发布"，可以在微信主页点击屏幕右上角的 "+"，再在子菜单中点击 "添加朋友"，在出现的界面顶端文本框中输入 "上海发布"（以后可以在微信聊天中打开 "订阅号→上海发布"；或者打开 "通讯录→公众号"，按公众号的拼音字母排列顺序找到这个平台名称），就打开了 "上海发布" 公众平台的首页

图 6.13

（图 6.13）。"上海发布" 界面上有许多平台发布的新闻信息，而且界面下部 3 个选项都很有用。

1. "市政大厅"

打开 "市政大厅"（图 6.14），各种的服务项目便展现在眼前。其中，左上角第一项就是非常实用的 "公交实时到站"，点击这个图标，出现如图 6.15 所示界面。此时屏幕上可能会出现提示文字

⚠ 防盗号或诈骗，请不要输入QQ密码　✕ ，点击 "×" 提示就会消失，即使不点击，

图 6.14

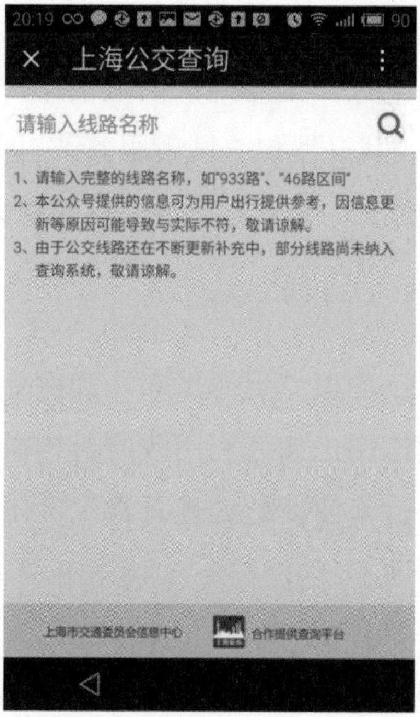

图 6.15

图 6.16

稍等一会儿提示也会消失。在图 6.15 上面的文本框内输入你要查询的线路名称（全名，例如"759 路"或"莘车线"），然后点击右边的放大镜图标，在出现的图 6.16 界面的顶部可以看见该线路的两个方向，例如图中所示"九亭→畹町路伟业路"和"畹町路伟业路→九亭"。点击你所要去的方向，然后上下拖动屏幕，点击你要等车的车站，如图 6.17 所示，就会显示朝你需要去的方向的这辆车的车号、距离你等车的车站还有几站路、还有几分钟到达等信息。根据这个信息，你可以确定出门的时间，以免在车站等得太久。

再来看一下交通卡余额查询功能。点击"交通卡余额"，在打开的界面文本框内点击一下，就出现屏幕下部的小键盘（图6.18）。再在文本框内输入（不带首字母的）交通卡卡号，点击"搜索"，卡内余额就显现出来了。

图 6.17

图 6.18

87

再如查询空气质量和天气预报。图6.19和图6.20所示分别为这两项功能查询的显示界面。

"市政大厅"里还有许多为民服务项目，读者可以根据需要自行操作体验。"市政大厅"界面底部有几个字："更多功能，即将上线"，可随时注意使用这些新功能。

图 6.19

图 6.20

图 6.21

2. "微信矩阵"

打开"微信矩阵"（图 6.21），界面顶端并排列出"区县""委办局"和"重要机构"。点开每一项下一层所列的每一个机构，可以看到各机构发布的各种新闻。

3. "I ♥ SH"

打开"I ♥ SH"（我爱上海），你会看到界面（图 6.22）上游动的几句话，它们分别是："Take Shanghai 英文解沪语""Climbing Game 明珠爬爬乐"等，点击每一句话，都会给你带去惊喜，如图 6.23 和图 6.24 所示。

图 6.22　　　　　　　　　　图 6.23

图 6.24

### 6.3.2　微信城市服务

　　我们再来看一下上海"微信城市服务"中的"医院预约挂号"。具体操作方法为：打开"我→钱包→城市服务→医院预约挂号"，在出现的图 6.25 所示界面顶部的搜索栏里填写医院名称。

　　在下拉的键盘上点击"搜索"，出现与你填写的医院名称相关的许多医院，选择你要预约的那家医院（图 6.26）；在图 6.26 界面上可以查询各种信息，点选"预约挂号"，就出现选择各科室的界面，先选择某个科室，再选择子科室，例如"内科"下面又可选择心内科、呼吸内科等；选择好子科室后，下面出现的是该科室的专家医生名单，如图 6.27 所示，选择其中一位医生，该医生的介绍界面便出现在屏幕上；点击屏幕左下角的"预约挂号"，在出现的图 6.28 所示界面上选择预约哪一天和上下午时段；填写患者的各种信息之后提交，系统会把验证码发送到你的手机上，将收到的验证码填入

图 6.25

图 6.26

图 6.27

图 6.28

预约界面后提交，就可以得到预约成功的信息（图 6.29），同时你的手机也会收到预约成功的短信。这些预约信息请暂时保存好，以备就医时出示。

注意：如果在"搜索"时直接输入医院和医生姓名，就可以马上进入"预约挂号"。

如果因为某种原因，你预约挂号之后不能前往，为了保证你的信誉，必须在要求的取消预约时间期限内进行取消。具体操作方法：在打开图 6.25 界面后，点击屏幕右下角的"个人中心"；先点击所出现的界面（图 6.30）中的"我的预约"，再点选你预约的

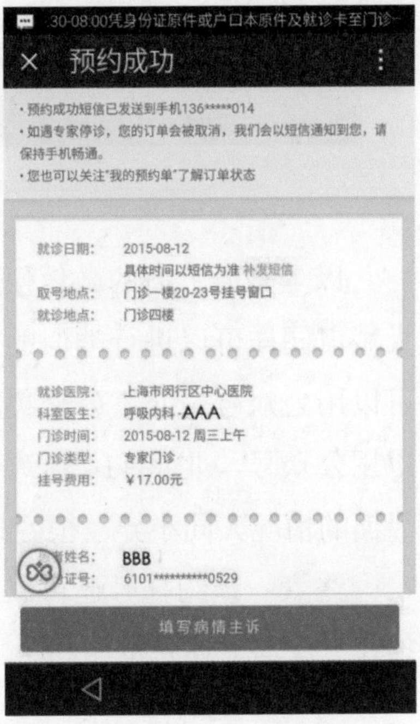

图 6.29

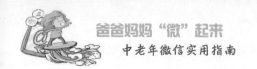

项目，将出现的"预约详情单"界面往上拖移，最后点击界面最下面的"取消预约"（图6.31）即可。届时，你将分别收到微信和手机短信的"预约已取消"的通知。

图 6.30

图 6.31

以上是以上海的微信便民服务为例进行介绍的，其实在全国各大城市同样可以进行类似的查询。例如，北京查询公交实时情况时可以用公众号"北京公交集团"或"北京实时公交"，预约挂号可以用公众号"北京114预约挂号"等，进入公众号后的界面与上述界面的情况大同小异，很容易学会操作。

注意：预约挂号还可以用微信公众号"微医"和"微导诊"，操作方法与上述基本相同。

## 6.4　微信"扫一扫"功能

　　前述通过微信"扫一扫"二维码，可以获取微信公众平台号码，能够从微信中获取阅读大量的资料，可以查询和办理政府机构的便民服务事项。下面再介绍一些微信的"扫一扫"在生活中的功能应用。

### 6.4.1　"扫一扫"餐厅

　　餐饮企业推出微信管理以后，不仅方便了商家的经营管理，而且为顾客提供了轻松的用餐感受。你可以通过微信订餐、点菜、加菜、结账和呼叫服务等，享受免费菜或打折菜。很多人进入餐馆坐定后，第一件事不是拿着商家的菜谱开始点菜，而是迅速掏出自己的手机对着餐桌上的一块牌子扫描上面微信二维码，对手机屏幕上展示的菜谱"指指点点"，选定自己所要的菜品；点菜结束后，服务台就会下单给厨房告知几号桌的点菜情况；需要服务时，只要在手机上呼叫，服务台就会通知服务员；需要加菜时，可以在微信中继续操作；用餐结束时，也可以通过手机微信钱包付款。

　　如果你去一家餐厅吃饭，发现已经客满，可以到门口服务台登记领号，然后用手机微信"扫一扫"餐厅的二维码，你就无须在餐厅外排队等候，排队叫号轮到你时，餐厅会通过手机通知你就餐。

　　现在，很多餐厅在吸纳会员，你只要扫一下餐厅的二维码，就可以成为其会员，而会员在餐厅规定的活动期间内用餐可以享受打折或者其他形式的优惠。

### 6.4.2　"扫一扫"商品

　　打开微信主界面"发现→扫一扫"，可以看到界面底部有 4 个选项。其中，第一个选项是"扫码"（图 6.32），既可以扫二维码，也可以扫条形码。这里介绍的"扫一扫"商品主要是扫描条形码。

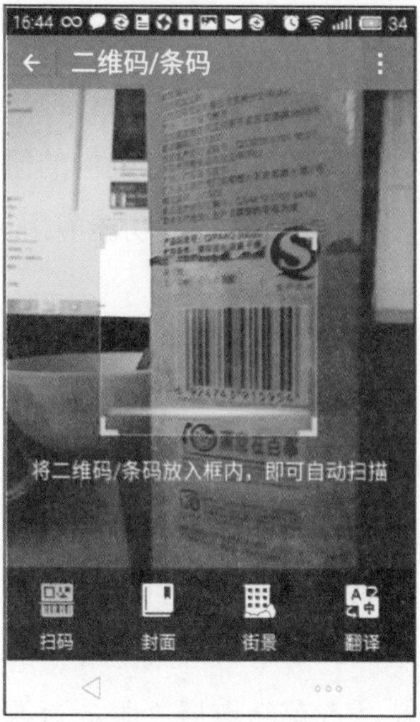

图 6.32

其实，打开"发现→扫一扫"默认的就是"扫码"，当我们把手机摄像头对准一件商品的条形码（图6.32）时，当这个条形码被扫描并被辨认后，手机会发出"哒"的鸣叫，然后屏幕上就会出现这件商品的名称，以及当前市面上主要网购公司的报价，如图6.33所示。如果这件商品是国外的，条形码即使被识别，但系统会提示"未找到该商品"。因为在国内生产的正规上市商品都有正式的条形码在各个工商税务等系统登记，被收入信息库（少数商品有可能未登记），如果在信息库里查不到条形码，表明该商品要么从国外购入，要么是假货。所以，用"扫一扫"条形码可以了解商品的有关信息，并且能初步辨别商品的真伪，特别是烟和酒类商品。

在图6.33上列出了1号店、亚马逊、当当这3个能购买此商品的链接，只要点击其中一条，就可直接进入购买界面，了解商品的原价和网店价；如想购买，可直接操作。

例如，图6.34是"扫一扫"上述眼药水盒子上的条形码后显示的界面。点击屏幕上的"说明书"，即可看到该眼药水的详细说明。药品盒里的说明书一般字非常小，老年朋友看起来很吃力，用微信中的字体的大小调节（执行"我→设置→通用→字体大小"操作）可以将说明书上的字放得很大。

图 6.33

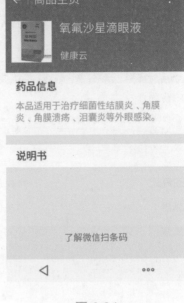

图 6.34

### 6.4.3 "扫一扫"图书

如果你从图书馆或者朋友那里看到一本感兴趣的书,只要用"扫一扫",就可以在网上购买了。在"扫一扫"界面上选择"封面",把手机摄像头对准这本书的封面,将整个封面放在"扫一扫"的方框里(图6.35),等手机发出"呹"的鸣叫,扫描就完成了,屏幕上就会出现这本书的封面及相关信息(图6.36)。如选择在"京东"网购,界面将显示"京东"网购信息(图6.37),

图 6.35

图 6.36                    图 6.37

打开信息界面，可以看到这本书的原价和网购价、内容简介、作者简介、精彩书摘和前言等，就可以直接购买。

## 6.4.4　"扫一扫"街景

在"扫一扫"界面上选择"街景"，站在街上某个地方，手机摄像头对着路边的景物扫一扫，软件会根据扫到的景物，与信息库的数据进行比对，自动给出你所处的位置信息。

例如，图 6.38 是在图中的 ★ 位置用手机扫斜对面街角的高楼的景象，这个街角是上海市闵行区富都路十字路口。"扫一扫"之后，手机屏幕上出现的信息为"在闵行区富都路附近"。然后随着手机方向的变化，屏幕上出现该街口转动的三维图像。可见，微信"扫一扫"街景给出的信息完全正确。

图 6.38

街景扫描功能的实现能为用户导航，特别是能为迷路的人指出其当前所在位置。微信是如何导航的呢？详见"附录 A"介绍。但是该功能的实现取决于数据库中信息的覆盖范围，如果所在位置的信息在数据库中不存在，定位就失败了。

### 6.4.5　"扫一扫"翻译

在"扫一扫"界面上选择"翻译"，屏幕上就出现"将英文单词放入框内"（图6.39）。当把一个英文单词放进框内后，经过扫一扫，屏幕上就出现了该单词的中文解释（图 6.40）。

目前，这个功能还相对简单，只能实现使用频率最高的一些单词的英译汉。相信随着微信软件技术的发展，该功能会更加完善。

图 6.39                              图 6.40

## 6.5  微信支付功能

　　微信自 5.0 版本就有了微信支付功能，6.0 版引进了微信钱包（执行 "我→钱包" 操作）。打开微信钱包，可以看到其中包含的内容非常丰富。微信钱包可以用于支付各种款项，还可以用于收取别人交付的钱。下面对微信支付功能中常用的项目进行介绍。

### 6.5.1  微信钱包与银行卡的关联

　　我们到超市、商场购物，结账时可以直接刷银行卡，也可以用现金来支付。现在，可以用微信来进行购物结算支付，或者支付各种费用（水、电、煤费等）。但不一样的是，我们必须先把银行卡或 "现金" 放在与微信账号挂钩的微信钱包里。另外，为了能把银行卡 "放到"微信钱包里去，银行卡必须在银行开通"网银"（即可以在网上使用银行卡）。那么，如何把银行卡和"现金""放进"微信钱包里去呢？

1. "绑定银行卡"

"绑定银行卡"就是在微信钱包里放一张虚拟银行卡，它能在微信钱包里代替你那张开通了网银的真正的银行卡（即让这张虚拟的银行卡与真正的银行卡绑定）。购物或付费时，可以直接用这个虚拟银行卡支付，但缴费结算是从真正的银行卡中扣款。

"绑定银行卡"的操作方法为：点击图 6.41 右上角的"银行卡"，在出现的空白界面上点击"添加银行卡"，出现图 6.42 所示界面。如果是第一次绑定银行卡，就要在这里为自己的微信钱包设置一个六位数字的支付密码,注意该密码应不同于真正银行卡的交易密码。

99

图 6.41　　　　　　　　　　　　图 6.42

然后按照提示操作，其中要求填写开设此银行卡时你在银行预留的手机号码。这是为了安全起见，系统会向你的这个手机发送一个验证码。收到此验证码后，将其填写在微信屏幕上（说明手机在你身边，与你的银行卡预留手机号是一致的），"绑定银行卡"就完成了。如果你以后解绑该银行卡，下一次再做"绑定"操作，在图 6.42 中要求你填写你以前设定的微信钱包支付密码。

　　如果要解绑银行卡，操作方法为：点击图 6.41 上的"银行卡"，出现图 6.43 所示界面。图中红颜色的是已经绑定的银行卡，点击它就出现图 6.44 所示界面。点图 6.44 右上角的 3 个点，再点击"解除绑定"，就会看到"绑定已解除"的信息。

图 6.43

图 6.44

　　注意：图 6.45 中的"虚拟类商品"是指没有实物的游戏卡、充值卡等商品。

2.　"零钱"

可以用银行卡给微信钱包里的"零钱（钱包）"充值，具体操作为：首先，点击图 6.41 左上角的"零钱"，出现图 6.45 所示界面。这个图表示你的"零钱（钱包）"里没有钱。如果"零钱"里有钱，会显示"零钱"里的余额，在"充值"下面有另一个选项"提现"；如果你没有绑定过银行卡，也没有充过"零钱"，就没有必要为你的微信钱包设置支付密码。其次，点击图 6.45 中的"充值"，出现图 6.46 所示界面。"使用新卡充值"的意思是你没有用银行卡为"零钱"充过值（如果你以前用银行卡充过值，系统会记住并且显示这张卡的开户行名称和卡号末尾 4 位数，你可以继续用此卡充值，也可以换一张新卡充值。不过，换卡充值要点击屏幕上显示原来卡号尾数右边的小三角形，才出现图 6.46）。此时，应该填写要充值的金额，并且点击"下一步"。再次，在出现的图 6.46 上填写你充值用的银

图 6.45　　　　　　　　　　　图 6.46

图 6.47

行卡的卡号，并按指示操作。如果你以前用银行卡充过值，就没有这一步。然后，要求你设置 6 位数的支付密码（图 6.47），如果已经设置过，就要求填写设置过的微信支付密码，以验证身份。最后，就回到图 6.41，但是此时"零钱"下面所示的是最新的"零钱（钱包）"里的金额。

## 6.5.2 微信支付的密码管理

有效的密码设置是保证微信安全支付的前提。微信支付的密码有两种类型：一种是在用微信钱包绑定的银行卡支付或用微信钱包的零钱支付时必须要输入的支付密码；另一种是用于打开微信钱包的"手势密码"。

### 1. 支付密码

支付密码是和银行卡的密码类似的，在付款从微信钱包里支付时需要输入的密码。前面已经介绍了支付密码的设置方法，这里介绍如何修改密码，具体操作方法为：打开"我的钱包"后，点击屏幕右上角的三个点，再点击子菜单的"支付管理"，出现密码管理界面（图 6.48）。如果点击"修改支付密码"，则出现类似于图 6.42的界面。修改密码时要先输入旧密码，再输入新密码。如果忘记密码，则点

图 6.48

击"忘记支付密码"，并根据提示，按照上面介绍的绑定银行卡的方法再做一次绑定操作。

2. 手势密码

手势密码是微信 6.0 以上版本具有的功能，用于保护微信钱包的安全。设置手势密码后，每次打开"钱包"时，先要验证你的手势密码才允许进入，验证过后的 5 分钟内如果退出"钱包"，再进入则不需要验证。

手势密码的设置方法：首先，打开"我→钱包"，点击右上角3 个点，再点击子菜单中的"支付管理"（图 6.48）；其次，打开图中"手势密码"的开关，这时出现图 6.42，要求验证你的支付密码；最后，在出现的图 6.49 中的 9 个圆圈之间画连线，随意画出一种图形，作为你设置的手势密码，以后每次打开微信钱包都必须画出这次设计的图形才行。

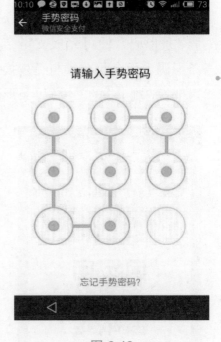

图 6.49

手势密码的修改：点击图 6.48的"修改手势密码"，系统让你画出旧的手势密码后再画出新的手势密码，然后要求将新的手势密码再画一遍，系统确定后就确认了新密码。

如果忘记了手势密码，打不开微信钱包，这时在输入手势密码的界面上点击下面的"忘记手势密码？"进入验证支付密码界面，通过验证支付密码确定是否本人在进行手势密码修改操作，等输入正确的支付密码后，进入手势密码重置界面重新设定新的手势密码，最后再次输入以确认。手势密码重置后，即可正常登录微信钱包主界面了。

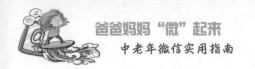
### 6.5.3　几种微信支付和收款方式

**1. 从绑定银行卡扣款**

当选择银行卡支付时，输入金额和密码，支付款项将从绑定的银行账户转到收款人的绑定的银行账户上。

**2. 从"零钱"扣款**

当选择从手机钱包的零钱付款时，所支付的款项将从手机钱包直接转到收款人的手机钱包中。

**3. 刷卡**

当打开了手机微信钱包，点击"刷卡"之后，屏幕上就出现了如图6.50所示的条形码和二维码。这时手机屏幕就相当于一张银行卡，商家使用带有扫码功能的POS机扫描微信用户的（刷卡界面）二维码/条形码，便可完成支付结算。为了资金安全，微信刷卡二维码/条形码界面会每分钟自行变换一次，不过点击屏幕上端的图标 也可变换"刷卡"的二维码/条形码界面。使用微信"刷卡"默认使用"零钱"，但用户可自行选择使用储蓄卡支付（暂不支持信用卡）。

注意：使用"刷卡"，单笔支付少于1000元时无须验证支付密码，大额支付时需要验证支付密码。

在"刷卡"界面（图6.50）上，点击右上角的3个点，再点击出现的"使用说明"，就可看到图6.51所示界面，点击其中的"查看支持刷卡的用户"，就可以看到在图6.52所示界面上列出了能使用"刷卡"的商家，将屏幕向上拖移，还可以看到更多商家。点击图6.51底部的"查看用户条

图6.50

款"，可以详细了解有关微信钱包"刷卡"功能的用户条款。

图 6.51　　　　　　　　图 6.52

4. 转账

微信钱包的"转账"是指把"零钱"或者绑定的银行卡里的钱转给自己微信通讯录中朋友的微信"零钱"的一种功能。具体操作方法为：打开"我→钱包"，点击"转账"，在出现的微信通讯录中选择收款的朋友，出现如图 6.53 所示界面，此时输入转账金额，点击"转账"。在下一个界面中填写支付密码，就出现如图 6.54 所示界面。同时，在你与对方的微信聊天记录中也出现了给对方转账的通

图 6.53

图 6.54

知（见图 6.55 的①），对方的手机与你微信聊天的记录中也出现了某人给自己转账的通知（见图 6.55 的③）。此时，你可等待某人确认收款，某人在看见通知后如点击这条通知，就会出现如图 6.56 所示界面。在这里点击"确认收款"，屏幕下方会出现"成功存入零钱"。此时，双方的聊天记录中均出现 "已收钱"的信息（见图 6.55 的②和④）。双方各自查看自己的微信钱包的"零钱"，会发现余额的变化。如果对方 1 天内未确认，转账的钱将退还给你；如果对方拒收，可以在图 6.56"确认收款"右下角点击"立即退还"。

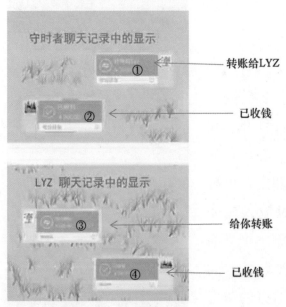

图 6.55

图 6.56

### 5. AA 收款

现在，朋友聚餐、集体旅游消费等活动中大家常以 AA 制分摊费用，却往往会因忘带钱或者找零钱而烦恼，用微信的 AA 收款的方式可以轻松地解决这个问题。比如说，8 个人聚餐，花费 590 元，每人分摊73.75 元，零钱不好要，那么可以用 AA 收款来收取费用。

具体操作方法：点击自己微信钱包中的"AA 收款"（图 6.41 左下角），出现如图 6.57 所示界面。点击"聚会AA"出现如图 6.58 所示界面，填写聚餐人数和总金额，系统会算出另外 7 个人每人应交给你的金额，点击"下一步"，出现如图 6.59 所示界面。检查确认后，点击"发送收款单给好友"，然后在自己的微信通讯录里选择收款单接收人，再点击"发送"。之后出现的界面上有"继续发送收款单给好友"，直到所有收款单都发送出去。每一位收到收款单的朋友在自己与你的聊天记录中会收到一个收款单（图6.60）。他们收到此收款通知后点击它，就会出现如图 6.61 所示界面，如果同

图 6.57

图 6.58

图 6.59

意付款，就点击"立即支付"，然后输入自己的支付密码，最后就得到"支付成功"的收条（图 6.62）。

从你第一次在微信钱包中作为 AA 收款的负责人开始，在你的微信聊天记录中会不断多出一些"服务通知"，其中

图 6.60

图 6.61

图 6.62

保存了你所有的 AA 收款纪录。每一条的内容如图 6.63 所示，点击左下角的"详情"，可以看到有多少人已经付了这笔费用。

6. 面对面付款

当你和朋友在一起，你需要给他付一笔款时，一般通常直接拿出现金来给付。不过现在，可以不拿现金，而是通过微信来进行面对面付款。

具体操作为：请对方打开手机微信主界面，点击屏幕右上角的"+"，点击子菜单里的"收钱"，屏幕上就会出现一个二维码（图 6.64）。你用自己的手机"扫一扫"对方手机上的二维码，你的手机上会出现图 6.65 所示界面，看到出现的安全提醒后再确定付款，点击"确定"即可。点击下面的键盘，输入金额，再点击"转账"，然后在出现的图 6.66 所示界面上输入你的微信支付密码，便付款成功，出现图 6.67 所示的"支付成功"界面。而且，在你的微信聊天记录中会有一项"微信支付"，里面有"微信支付凭证"（图 6.68），这就是你的支付凭证，上面有付款日期、付款时间、付款金额、交易单号等信息。在对方的微信聊天记

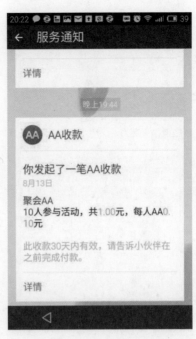

图 6.63

图 6.64

录中也有一项"微信支付"，里面有"面对面收钱到账通知"（图6.69）。

注意：上面介绍了几种收款的方式，如果你的微信钱包没有绑定过银行卡或者没有从银行卡往"零钱"里充值，那么你就没有设置过支付密码。如果你的"零钱"因收到别人的付款而有余额的话，你就可以在没有支付密码的情况下使用，但这样就存在安全问题。因此，建议你至少做一次绑定银行卡或者从银行卡往"零钱"里充值，并且设置支付密码。

图 6.65

图 6.66

图 6.67

图 6.68

图 6.69

### 7. 提现

这里所说的"提现"是指从自己的微信"零钱"中把一部分钱拿出来放到自己的银行卡中。

具体操作方法：逐层打开"我→钱包→零钱→提现"，如果你已绑定银行卡，出现的界面上第一项显示银行卡所属银行和卡号的末尾 4 位数（图 6.70）；如果你要把提出的钱放到这个银行卡中，就直接填写金额数，然后在出现的界面上输入支付密码，提现就完成了。如钱已经从"零钱"中取出来，就放进了银行卡中。但是，因为银行操作需要一段时间，所以可能会提示"次日某某时间到账"或者更快。如果你想把钱提出来放到别的银行卡中，可以点击图 6.70第一项右边的小三角，则出现一个小提示框（图 6.71），点击其中的"使用新卡提现"，然后依次出现类似于图 6.70 和图 6.72 的界面；如果你的微信钱包没有绑定银行卡，在打开"我→钱包→零钱→提

现"后，同样出现图6.72所示界面，填写提现金额后，点击"下一步"，在出现的界面上输入支付密码，再在之后会出现的界面上输入你想把钱放入的银行卡的卡号，点击"下一步"即可。为了校验，系统会要求你输入持卡人的信息，实际上就是让你绑定银行卡。

### 6.5.4　微信钱包支付管理

除了在图6.52显示的众多实体商店用微信"刷卡"可以购买物品、餐饮消费外，从图6.41中可以看到，

图 6.70

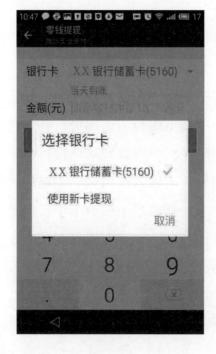

图 6.71

图 6.72

用微信钱包还可以支付的项目很多，例如滴滴打车、手机充值、生活缴费、购买电影票、信用卡还款、京东精选（网购）、购买飞机票和火车票等。下面表 6-1 中列出一些可以用微信钱包支付的项目，以方便广大老年朋友查找在什么项目情况下可以使用微信钱包，具体又能办哪些事。至于具体如何办理，可以对各个项目进行操作体验。

表 6-1　微信钱包可以支付的项目

| | 项目 | 在微信哪个页面办理 |
|---|---|---|
| 1 | 缴纳水、电、煤气费 | ① "我→钱包→城市服务"<br>② "我→钱包→生活缴费"<br>③公众号→付费通账单查缴→"查缴账单" |
| 2 | 电信宽带、固话缴费 | 公众号—付费通账单查缴→"查缴账单" |
| 3 | 移动手机充值 | ① "我→钱包"<br>②公众号→付费通账单查缴→"查缴账单" |
| 4 | 滴滴打车 | "我→钱包" |
| 5 | 订购火车票飞机票 | ① "我→钱包"<br>②公众号→"订机火车票"（关注后，点击进入） |
| 6 | 订购汽车票 | 公众号→"订机火车票"（关注后，点击进入） |
| 7 | 旅游、邮轮预订 | 公众号→"订机火车票"（关注后，点击进入） |
| 8 | 信用卡还款 | "我→钱包" |
| 9 | 网购 | ① "我→钱包→京东精选"<br>② "发现→购物" |
| 10 | 订购休育比赛门票 | 通过赛事官方微信公众账号直接购票 |
| 11 | 订购文艺演出门票 | 扫描广告上的二维码，进行微信订票 |
| 12 | 预订餐饮 | 打描店家的广告二维码，进行微信订餐 |

113

例如，进行手机充值的操作为：打开 "我→钱包→手机充值"，出现如图 6.73 所示界面。你可以为手机充值，也可以单独购买流量。

如果购买流量，则点击图 6.73 左下角的"选流量面值"，出现图 6.74 所示界面，点击某个面值后面的"购买"，在下一个界面上输入支付密码，购买流量就完成了。如果点击图 6.73 中的某一个充值金额，则出现图 6.75 所示界面，输入支付密码后，充值也完成了（图 6.76）。购买流量或手机充值后，都会得到充值成功的通知，如图 6.77 所示。而且，在微信聊天记录界面中会出现一项"手机充值"，里面给出所有手机充值的收据。同时，在微信聊天记录界面的"微信支付"项目中也会出现类似于图 6.77 的微信支付凭证。

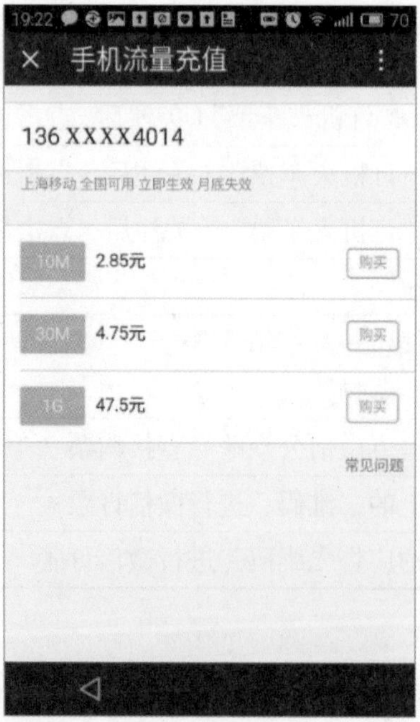

图 6.73

图 6.74

图 6.75

图 6.76

图 6.77

又如，进行生活缴费的操作为：打开"我→钱包→生活缴费→电"，会看到图 6.78 所示界面。把你收到的电费账单上的"户号"输入在图 6.78 中间的文本框里，点击"前往"，再点击图 6.79 中的"查询"，看一下随后出现的应交账单（图 6.80）的数字是否与你收到的账单相符，正确无误后点击"立即缴费"，在下一个界面上输入支付密码，交费就成功了。在微信聊天记录里，你会收到相应的支付凭证和缴费收据。

注意：微信钱包所发生的每一笔收支都可以在点击"我→钱包"界面右

图 6.78

图 6.79　　　　　　　　　　　　图 6.80

上角的 3 个点之后出现的子菜单"交易记录"里查看到；微信钱包的"零钱"收支明细也可以点击图 6.41 的"零钱"后，点击右上角的"零钱明细"进行查看。

　　现如今，微信公众平台不断涌现，各种利用微信平台为民服务的新措施和网络服务也不断推出，广大老年朋友可以随时查看微信中的新项目（有红色标记为"new"），不断地学习掌握微信的发展所带来的捷径，以便更好地融入"互联网 +"的时代中去。

# 第7章 微信的安全使用

随着微信应用范围的不断扩大和用户数量的不断增长，如何保障微信使用安全已成为微信用户关注的焦点。针对广大老年朋友对微信使用安全问题的担忧，结合网友们提出的各种安全措施，本章归纳出 5 个方面的微信安全使用建议，以帮助广大老年朋友在玩微信时识别自身隐私、财产和在线沟通等方面的安全隐患。

## 7.1 头像和昵称要防盗

微信有一个严重的安全隐患，就是微信的头像和昵称可以随意设置。

如果你的微信头像和昵称被别人盗用了，别人就可以冒充你（使用你的头像和昵称）加其他人为微信好友，并屏蔽朋友圈不让你看见。这种情况其他人是无法分辨的，别人利用这一点隐患，就可以以你的名义向其他人行骗。

注意：如果微信上出现任何人向你借款等类似情况，必须用电话或视频聊天进行确认，不可轻信。

当你与一位朋友建立了微信朋友关系后，立即给此朋友设置一个备注名，这样做，即使他人盗用他的昵称或名字给你发微信，实际上并不是从他的微信账号发出的，你根据收到的信息不带有这个备注名，就可以判断不是他发的。

此外，一些不法分子通过搜索手机号或 QQ 号冒充你来加其他人为好友，然后实施不法行为。针对这种情况，就应该在设置中关闭"通过手机号搜索到我"和"通过QQ号搜索到我"的开关。万一没有进行该设置，为了避免不认识的人下载你的微信头像，一旦发现被人拉进有很多陌生人的人聊天群，就应该尽快退出。

## 7.2 各项密码设置应齐全

微信系统提供了各种密码设置，为了确保微信使用安全，应该尽可能设置全部密码，这样等于上了多重保险。

手机上现在已有的各种密码项如下：

（1）手机锁屏硬件锁。

（2）微信登录声音锁。

（3）微信钱包手势码。

（4）微信付款支付码。

## 7.3 个人信息慎公开

社交网络具有信息交换泛滥的特点，因此，广大老年朋友在使用微信的"基于位置的服务（LBS）"功能扩大社交圈子，结交好友的同时，应注意通过微信的隐私设置来防止个人信息的泄露。

首先，尽可能不使用"附近的人""摇一摇""漂流瓶"等功能加陌生人为微信朋友，万一一不小心手抖了加了"附近的人"，要及时通过"清除位置并退出"清除自己当前的地理位置信息。

其次，如果不想被陌生人打扰或泄露自己的隐私，可以在"设置"的"隐私"中关闭"通过QQ号搜索到我""通过手机号搜索到我"和"允许陌生人查看10张照片"等功能，并开启"加我为好友时需要验证"。

再次，如果发送信息到朋友圈，要注意对"朋友圈"的权限进行设置。

最后，绝不能告诉无关人员自己的各种信息，包括身份证号、手机号、各项密码和验证码等。

## 7.4　微信聊天注意事项

首先，姓名、大头照和身份证号千万不能同时作为信息发送。

其次，不在微信中讨论重要事情，尤其是有关钱财的事情。如果聊重要事情，聊前必须用语音确定对方身份。

最后，不要轻易打开发过来的网页链接，特别是在网页上要求输入账号和密码时。如果碰到这种情况，更要万分警惕，因为它可能就是一个盗号程序。

比方说，微信圈经常出现一些手机游戏、引诱用户的信息或悬疑性文章，让用户下载即可免费玩游戏，将信息转发到朋友圈（发送给一定个数以上的朋友圈）就会得到惊喜，或者关注文章微信就告诉答案等情况，此时建议广大老年朋友不要下载、转发或关注，因为这样的信息中可能会带上病毒，给你的手机带来安全隐患。

## 7.5　微信支付注意事项

微信支付除了提供全方位的安全防护和客户服务外，还设置有包括硬件锁、支付密码验证、终端异常判断、交易异常实时监控、交易紧急冻结等在内的一整套安全机制来确保资金安全。

根据"微信支付功能"（本书 6.5 节）的介绍可知，当有人拾获他人手机时，如果想修改密码，就必须通过原密码验证方可修改。

119

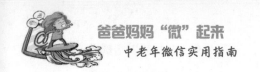
如果想直接选择忘记密码，想找回密码，则同时需要验证卡号、有效期、姓名、身份证，并使用银行预留手机号来接收验证码方可找回。而微信支付本身并不会显示已绑定银行卡的完整信息，他人无法通过微信支付银行卡页面获取拾获手机的相关信息。

因此，为了确保自己的微信支付安全，建议广大老年朋友注意以下事项：

（1）在设置密码时，微信支付密码切勿设置成与手机锁屏密码或者其他密码一致。

（2）外出不用微信时最好退出微信登录，以免手机丢失，别人直接打开你的微信。

（3）用于微信钱包的银行卡只保留少量金额。

（4）微信支付时要留意屏幕上显示的信息，并加以核对。

（5）注意查看和保存聊天记录中的"支付凭证"和"缴费收据"。

上述微信系统可设置的一系列安全措施，在一定程度上起到了遏制不法分子行骗的作用，但是现在不法分子的手段变化多，广大老年朋友在玩微信时最需要的是提高警惕，在微信交往中多采取必要的安全保护措施，还要注意以下事项：

（1）不要轻信他人，不要贪图小利，不要轻易透露私人信息。

（2）如果手机、身份证、钱包同时丢失，可通过微信支付客服反馈情况，微信支付客服核实后会进行交易异常判断、账户紧急冻结等手段，可保证用户账户安全。

（3）如果在公众账号内进行交易时，一定要认准账号加"V"标志（带"V"标志的账号即为微信认证商户的官方公众号），同时在交易时要认准"微信安全支付"认证字样，只有这样才能确保支付安全。对于未经认证的公众号所发布的支付页面、链接等，则需要保持警惕。

（4）如果发现恶意不法账号，可以通过"举报"功能对发布的色情信息、涉嫌诈骗的账号进行举报。微信在打击此类账号上有着严格的举报机制，一旦被举报内容通过了微信官方核实，微信将对此类账号进行处理，一些情节严重的账号甚至会被永久封号。

（5）不随意连接免费 Wi-Fi。

# 附录 A  微信导航与精密时间的关系

"导航"这个词听起来有点神秘，但实际上每个人几乎每天都需要通过"导航"才能到达自己想去的地方。导航就是用可以找到的若干个参照物（如建筑物、山头、河流、树木、太阳、月亮、星星等）来确定自己所在地点与这些参照物之间在距离及方向上的关系，从而找到自己想要前往地点的路径。

现代科技的发展让高精度卫星导航得以实现，它不仅为航天航空事业作出巨大贡献，而且在交通运输、通信、电力、金融、气象、海洋、水文监测等国民经济的各个领域被广泛应用，同时也为人们的日常生活提供了很多便利。比如说，人们常看见汽车的方向盘旁边有一个 GPS 导航仪，仪器显示屏的地图上显现出汽车当前所在的位置及其要去的地点，还显示了汽车应该沿哪些线路走，就能到达目的地。并且，导航仪的扩音器还会响起"前方 300 米向左拐"等指示汽车行驶方向的语音。

在本书和 6.4.4 节（"扫一扫"街景）中介绍了行人在街头也能用微信为自己导航。那么，现代导航究竟用的是什么样的方法？导航怎么又和时间扯上关系了呢？

20 世纪二三十年代，随着航空事业的发展，出现了无线电导航。无线电导航的原理基于：无线电信号从一个点传播到另一个点必定要经过一定的时间段，如果能够测量出这个时间段的长度（设为 $\Delta t$），在知道信号的传播速度（设为 $c$）的前提下，那么 $\Delta t \cdot c$

就等于这两个点之间的距离 $d$。

假设一个无线电信号接收器位于附图 1 中的 R 点，A 和 B 是两个无线电导航台的信号发射塔。已知 A 和 B 的位置坐标分别为 $(X_A, Y_A)$ 和 $(X_B, Y_B)$，R 点的位置坐标为 $(X_R, Y_R)$。如果信号从 A 点发出到 R 点接收的时间段 $\Delta t_{RA}$ 已知，那么就可以计算出 A 和 R 两点间的直线距离 $d_{RA}$。但只能知道 R 点位于以 A 为中心，以 $d_{RA}$ 为半径的圆上，并不能确定 R 点的坐标。如果接收器又接收到从发射塔 B 发出的无线电信号，信号传播时间为 $\Delta t_{RB}$，那么也可以计算出 B 和 R 两点间的直线距离，R 点一定位于分别以 A 和 B 这两个点为中心，以 $d_{RA}$ 和 $d_{RB}$ 为半径的两个圆的交点上。但是，这两个圆有两个交点 R 和 P，接收器究竟在哪个点上还是个问题。那么，还可以建第三个发射塔 C，3 个圆经过同一个点的交点只可能有一个。这样，就可以根据 3 个发射塔的坐标计算出接收器所在位置的坐标 $(X_R, Y_R)$，这就是通常所说的"定位"。这 3 个发射台和接收器 R 就组成了一个无线电导航系统，载有接收器 R 的载体（如飞机、汽车等）就是被导航的运动体，几个发射塔就是导航系统中的参照物。因此，为了更好地配置整个导航系统，使得导航系统能够完好地覆盖需要导航的区域，导航台的数量和位置需要最佳选定，导航设备（发射和接收）需要不断改进。

由上述可知，接收器精确定位的关键问题是测定接收器到发射塔的距离。由于无线电信号的传播速度就是光速，而真空中的光速是每秒 30 万千米（无线电信号在大气中的实际传播速度随传播路径的不同会有微小量的变化），所以关键问题就归结在如何准确测定信号传播时间 $\Delta t$ 上。那么，导航的精度与 $\Delta t$ 的测定精度究竟有着怎样的关系呢？

我们简单来看一些数字（注意，以下数据基于真空情况测算）：

发射塔 A    P    发射塔 B

附图 1

光速 300 000 km/s（千米/秒）=300 000 000 m/s（米/秒）

时间 1s（秒）=1 000 ms（毫秒）=1 000 000μs（微秒）=1 000 000 000 ns（纳秒）

可见，时间测量误差如果是 1μs（百万分之一秒），所确定的距离测量误差为 300m；如果想让定位精度达到 1m，对时间测量精度的要求是 33ns（一亿分之三秒）。

上述的无线电导航基本上是地面上的平面导航，只能确定二维坐标（$X$、$Y$ 或者经度、纬度），对于高空或空间导航，必须还有一个坐标要确定，那就是"高度"。所以通常说，一个点的三维坐标是经度、纬度和高度（或者 $X$、$Y$、$Z$）。

到了 20 世纪 60 年代，无线电导航的发展出现了重大突破——卫星导航面世。卫星导航就是把地面导航台搬至空中，用人造地球卫星上的无线电发射装置和地面（或空间）的信号接收设备形成的导航系统导航。卫星导航系统的工作原理与前述的无线电导航系统是基本相同的。

附图 2 就是一个卫星导航系统示意图，地面或空间的被导航物体 R 上装载着无线电信号接收设备，接收从卫星发出的无线电信号，这些信号都是经过特殊编码形成的调制信号。通俗地说，这些信号好比一列连续不断的货车，当车上没有任何货物时是空车，这样的空车叫做载波信号，它的功能是让人们把货物装上去由它传送出去，这时它不带有任何信息。当人们根据特殊需求给各个车厢或者车厢的不同部分装上特别的货物，而且这些货物按某种特殊规律排列时，这种安排就叫做编码。此时，在 R 的接收设备上也形成一套与货车上的货物排列相对应的一长串编码空间。当 R 接收到卫星 S 源源不断地发送过来的货物（带有编码的信号）时，它就会用自己的编码空间序列与收到的货物（信号）相比较，当货物序列和 R 的接收编码序列对应时，这种情况叫做相关。这种特殊排列实际上是按时间序列来制定的，也就是说，这些信号（货物）都打上了时间标记。R 接收机就可以记录下 S 发出信号时的时、分、秒的标记，与 R 本身自带的时钟时间进行比较。比如说，在 R 上看到的一个由 S 发出的信号记录时间为 15:24:35，而此时相应的 R 时钟显示的时间为 15:24:39，那么，这两个时钟差异的 4 秒就是信号从 S 发出到 R 接收的时间差 $\Delta t$。S 发出的信号中还有用其他的调制方法来加载的各种信息（例如卫星上的时钟时间与标准时间的差异量、信号传播路径中大气的情况预报、卫星当前位置坐标等），接收设备可用解码技术把这些信号提取出来。

现在再来看一下，要想得到 R 的定位坐标 $(X_R, Y_R, Z_R)$，R 至少必须接收 3 个卫星的信号。每个卫星的坐标 $X_s$、$Y_s$、$Z_s$ 可以从信号解码得到，而卫星发出信号的时间与接收机接收到信号的时间

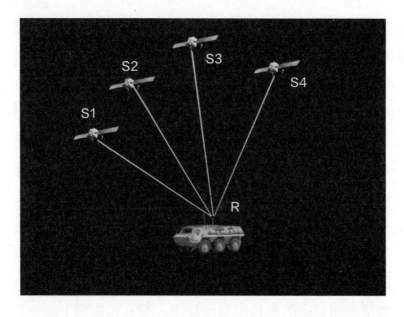

附图2

之差异 $\Delta t_{(R,S)}$ 由接收机做时间比对测量得到，于是得到公式：

$$\rho_{RS}^2=(\Delta t \cdot c)^2=(X_R-X_S)^2+(Y_R-Y_S)^2+(Z_R-Z_S)^2+(\delta t \cdot c)^2$$

其中，等号右边前三项之和是卫星 S 到 R 两点之间真实距离的平方，$\Delta t \cdot c$ 是测量到的时间差异 $\Delta t_{(R,S)}$ 与信号传播速度之乘积，是已知量。

$\Delta t_{(R,S)}$ 其实包含了两项：一项是信号从 S 到 R 走过这段距离所需要的时间，另一项是卫星上的时钟与 R 接收设备的时钟之间的时间差异 $\delta t$，它是一个未知量。因此，$\Delta t \cdot c$ 并不代表 S 到 R 两点之间的真实距离，一般称它为伪距，用 $\rho_{R,S}$ 表示。如果 $\delta t$ 已知或者等于零，R 接收 3 个卫星的信号，就可以计算出 3 个未知量 $X_R$、$Y_R$、$Z_R$。实际上 $\delta t$ 也是未知量之一，所以必须至少接收 4 个卫星的信号，才能求解 4 个未知量。当然，R 如果能够接收更多卫星的信号，用一整套解算方法可以得到更为精确的计算结果，这就涉及一个卫星系统的最佳配置问题。

实际上，上面的定位公式中还包含有许多误差项，如下所述：

虽然从卫星的信号中可以得到卫星的位置，但这是预报值，与卫星的真实位置有一定的差异，所以预报的准确性非常重要。

$\Delta t_{(R,S)}$ 与信号在大气中的传播路径有很大关系。随着天气和环境等条件的变化，无线电波的传播速度也在变化，这会影响距离测定精度。在卫星信号中也有大气情况的预报数值，这样的预报当然需要越准确越好。

卫星上的时钟时间与标准时间的一致性也是一个非常重要的问题，如果卫星上的时钟本身不准确，又会带来不确定因素。不管是什么样的时钟，它们所保持的时间也是会随着时钟性能的好坏和时钟所处的环境变化而变化的，它不可能与标准时间永远保持一致。所以，卫星信号中也包括卫星上的时钟时间与标准时间的差异预报值。

R 点接收设备的质量和接收环境也会影响 $\Delta t_{(R,S)}$ 的测量准确性。

20 世纪 60 年代，美国开始建立子午仪卫星导航系统，并于 20 世纪 80 年代又成功实现了 GPS 卫星导航系统，且 30 多年来其 GPS 不断完善和扩展。俄罗斯类似的卫星导航系统为 GLONASS，于 1995 年 12 月投入使用。我国从 20 世纪 80 年代开始，就研制子午仪卫星接收设备，30 多年来我国研制了 GPS、GLONASS 信号接收设备，在定位导航方面作出了重要贡献。

北斗卫星导航系统是我国自行研制的全球卫星导航系统，是继美国全球定位系统（GPS）、俄罗斯 GLONASS 之后第三个成熟的卫星导航系统。北斗卫星导航系统空间段由 5 颗静止轨道卫星和 30 颗非静止轨道卫星组成（见附图 3）。2012 年左右，"北斗" 系统覆盖亚太地区，计划 2020 年左右覆盖全球。我国正在实施北斗卫星导航系统建设，已成功发射 16 颗北斗导航卫星。

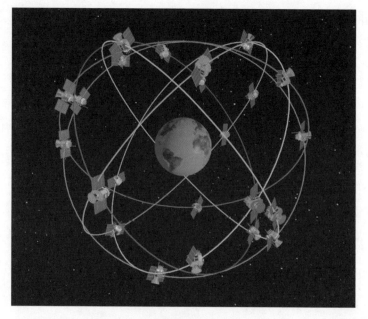

附图3

　　伽利略卫星导航系统是由欧盟研制和建立的全球卫星导航定位系统。2014年8月，伽利略卫星导航系统第二批一颗卫星成功发射升空，目前太空中已有的6颗正式的伽利略卫星导航系统的卫星可以组成网络，初步发挥出地面精确定位的功能。

　　前面已述及卫星导航与时间的关系，也简要说明了测量卫星与被定位点之间的距离实际上与测量信号传播所历经的时间关联，而其所测出的时间量与大量的误差因素有关，其中最重要的还是高精度时间的测量和卫星时钟时间的同步精度。所以，导航的关键是时间，而系统时间更是导航工作的核心。

　　什么是"系统时间"？要想高精度确定接收点的位置，需要所有卫星上的时钟的时间一致，或者说，能够准确地预报每个卫星时钟的时间相对于一个标准钟的时间差。然而，从来就没有哪一个时钟可以用作一个国家或者全世界的标准时钟。归纳可知，系统时间是指由一套高精度原子钟组合形成的一个时间标准。国际标准时间是由分布在全球的几十个时间研究单位的总共几百台原子钟各自所产生的时间经过综合及复杂的加权平均计算而得到的，各个钟的时间必须事前经过高精度的远程时间信号比对（技术）后，才能参与综合计算。一个国家的标准时间是由国内负责国家标准时间的单位综合国内和本单位的几十台原子钟所产生时间的综合，同样需要高精度的时间比对。一个卫星导航系统的系统时间是由整个卫星系统的原子钟经过综合而产生的。为了进行全球导航，卫星导航系统的系统时间必须向国家标准时间靠拢，而国家标准时间必须向国际标准时间靠拢。

　　我国标准时间的产生和保持是中国科学院国家授时中心担负的重要科研项目之一。国家授时中心的时间频率基准实验室将四五十台高精度铯原子钟和若干台氢原子钟组成一个钟组，用各种高精度的时间比对设备来进行本地的钟与钟、相距遥远的钟与钟之间的时间比对，由一支技术能力强的科研队伍将各种设备维护和使用到极致，通过复杂的计算，产生和保持我国的标准时间，保持我国的标准时间与国际标准时间之差小于 10 ns。只有达到或更进一步提高这个指标，才能满足前述的定位导航要达到 1m 精度的要求。

　　当我们拿起手机进行微信中"扫一扫街景"的操作，看到手机屏幕上出现自己所在街边周围的三维景物的时候，手机已经把扫一扫所获得的数据信号发送到了微信服务器；同时，手机中的 GPS 接收机（或者"北斗"接收机）已经接收了导航卫星的信号，测算出了你所在位置的坐标。微信服务器根据你的位置坐标从互联网积累的各种地图或图片（二维或三维）数据库（这是大量的测绘人员通过航拍或卫星地图制作成的数据库）中调出你附近的图片，与你扫描得到的图片进行比对，来确定你所在的周围环境，并把这些环境的图片展示在你的手机屏幕上。

# 附录 B  常见问题索引

本附录所列问题是广大老年朋友在玩微信时经常会遇到的问题，而这些问题在书中已经详细解答过。为了便于广大老年朋友及时、便捷地找到这些问题的解决办法，本附录将介绍解决这些问题办法的内容的页码罗列在后面。

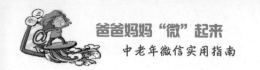

# 附录 C  iPad 基本操作

## 一、主界面

iPad 的主界面分为 3 个部分,即状态栏、程序区和任务栏,如附图 4 所示。

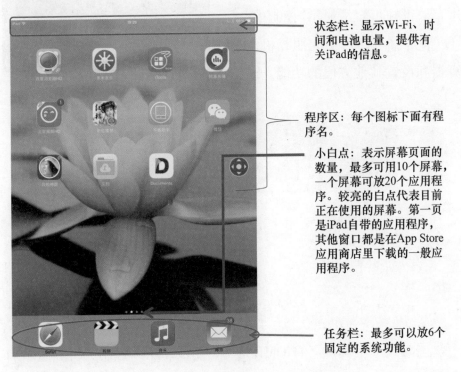

状态栏:显示Wi-Fi、时间和电池电量,提供有关iPad的信息。

程序区:每个图标下面有程序名。

小白点:表示屏幕页面的数量,最多可用10个屏幕,一个屏幕可放20个应用程序。较亮的白点代表目前正在使用的屏幕。第一页是iPad自带的应用程序,其他窗口都是在App Store应用商店里下载的一般应用程序。

任务栏:最多可以放6个固定的系统功能。

附图 4

长按程序区中任意一个程序图标,所有程序图标都开始抖动,这时可以拖移图标,移至任务栏,或者拖移到其他不同的屏幕窗口,重新排列应用程序,也可以合并同一类型的应用程序。除了第一页 iPad 自带应用程序外,其他图标在抖动时左上角都带一个"×",

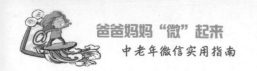
点击"×"就可删除该应用程序。按下主屏幕按钮（Home 键），应用程序图标就会停止抖动，存储排列。

　　新消息会出现在屏幕顶部，然后自动消失。从屏幕顶部用手指往下轻滑显示"通知中心"（见附图 5），可查看是否有新消息。从屏幕底部往上轻滑显示"控制中心"（见附图 6），可访问照相机、计算器和设置其他方便的功能。

附图 5

附图 6

## 二、基本操作

### 1. 硬件按钮组合使用

　　同时按"电源键"+HOME 键"7~8 秒，用于强制关机和重新启动（在死机的情况下）。同时按"电源键"+"HOME 键"保持 1~2 秒钟，用于屏幕截图，听到"咔嚓"声时，当前的屏幕快照就会自动保存到你手机相册的"相机胶卷"中，可进行查看。

### 2. 屏幕手势

（1）轻按某个应用程序图标可以打开应用程序。

（2）长按某个应用程序图标可以移动应用程序的图标。

（3）手指轻滑屏幕可以切换页面。

（4）两个手指捏合 / 张开可以缩小画面 / 放大画面。

（5）在图片上使用两个手指可以旋转图片。

3. 多任务手势

附图 7

在 iPad 自带程序的页面上点击"设置"，弹出"设置"界面，如附图 7 所示。

可以有许多程序同时处于打开状态（即多任务，没关闭的程序在后台）。在左边一栏中点击"通用"，开启"多任务手势"的开关（开关呈现）。在各种状态下，用五指能做如下操作：

（1）返回主屏幕——五指合拢，通过手抓屏幕退出当前工作程序，返回主屏幕。

（2）显示多任务——五指向上轻扫，显示多任务即显示所有没有关闭的后台程序）。

（3）切换应用程序——五指左右轻扫进行切换应用程序。

4. "软按钮"的启用

在 iPad 自带程序的页面上点击"设置"，弹出"设置"界面，点击"辅助功能"，在右边的栏目里用手指往上滑，找到"互动"栏里的"Assistive Touch"，点击"打开"后，开启开关就能启用这

137

项功能，屏幕上会出现"软按钮" ⚫ 图标。

注意：软按钮不用时呈暗灰色 ▪ 。

轻点"软按钮"图标，可打开如附图8所示的界面，能做如下操作：

（1）点击"主屏幕"——从打开的程序中迅速回到主屏幕。

（2）点击"通知中心"——直接打开"通知中心"。

（3）点击"控制中心"——直接打开"控制中心"。

（4）打开"Siri"——可以与 Siri 对话。

附图8

（5）点击"个人收藏"——用于创建自定手势。

（6）点击"设备"——出现一个如附图9所示的界面。

在附图9所示界面中的选项有如下作用：

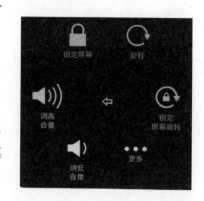

（1）调高/调低音量。

（2）锁定屏幕（即屏幕关闭）。

（3）旋转，包括竖排、向左横排、向右横排、上下颠倒，还有锁定屏幕旋转。

（4）点击"更多"，弹出如附图10所示的界面。

附图9

在附图10所示界面中的选项有如下作用：

（1）屏幕快照——截取当前屏幕上显示的内容，可以到"相机胶卷"中查看，即可直接分享。

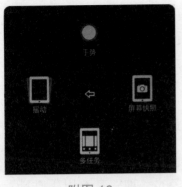

附图 10

（2）多任务——返回到主屏幕上，可以看到所有打开的在后台尚未关闭的应用程序，这时候选择某个程序界面，即能切换到该应用程序；如果要关闭某应用程序，则用手指将该应用程序的界面往屏幕顶部推动即可。

## 三、基本设置

### 1. 设置无线上网（Wi-Fi）

打开"设置"界面，点击左侧栏目中的"无线局域网"，在右边的栏目中打开"询问是否加入网络"，将显示附近所有的无线网络名称，如附图 11 所示。从"选取网络…"方框中选取你想要连接的网络名称，在弹出如附图 12 所示对话框中填写密码，点击"加入"。

139

附图 11

附图 12

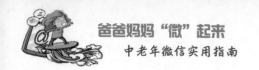

如果没有显示你需要的网络，将询问你是否加入新网络，然后可按照提示，填写 Wi-Fi 账号和密码，即可连接到该网络。

在"设置"界面顶部有一个"飞行模式"，开启后，iPad 上的所有无线设备都会被关闭。

注意："飞行模式"开启后还有一项功能，就是可以快速充电。

2. 通用

"通用"是 iPad "设置"中子选项最多的一项，具有以下功能：

（1）关于本机。显示 iPad 中的全部内容，包括歌曲、视频、照片和应用程序的数量，以及容量、操作系统版本、设备型号和序列号等，通过这个界面可以了解本机的使用状态。

（2）软件更新。提醒有新版本可以更新。

（3）设定侧边开关用于。"锁定屏幕旋转"或者"静音"两者。

（4）设置用量。查看电池用量和存储空间用量，到管理储存空间去查看并处理。

（5）设置自动锁定。设置 n 分钟（默认是 2 分钟）未触摸屏幕，iPad 会自己锁定。需要按下"Home 键"或者"睡眠 / 唤醒"键，然后手指滑过屏幕（滑动来解锁），通常为安全起见，还要输入密码，才能解锁屏幕。

（6）屏幕显示"缩放"。在"设置"界面打开"通用"→"辅助功能"，在屏幕右栏（辅助功能）页面（附图 13）中开启"缩放"和"显示控制器"的开关，在屏幕上就出现控制器圆形按钮⊕。

⊕按钮可以一直保留在屏幕上，点击它，出现如附图 14 所示菜单。如果不想在屏幕上看到⊕，则点击附图 14 的"隐藏控制器"，⊕就在屏幕上消失了，"隐藏控制器"切换为"显示控制器"，点击"显示控制器"，该图标又出现。移动附图 14 最下面一项的滑饼，可以改变放大比例。

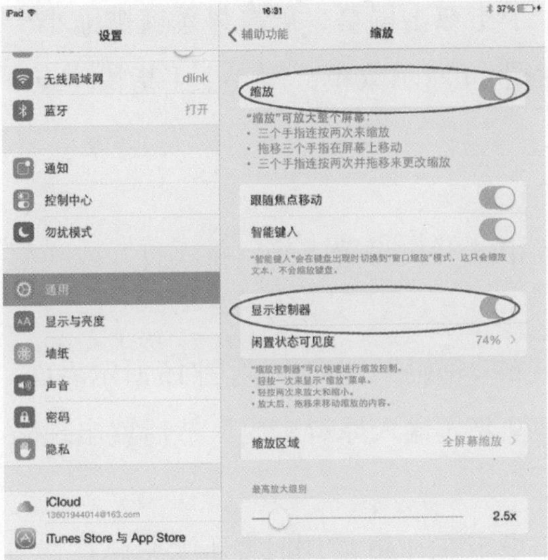


附图 13

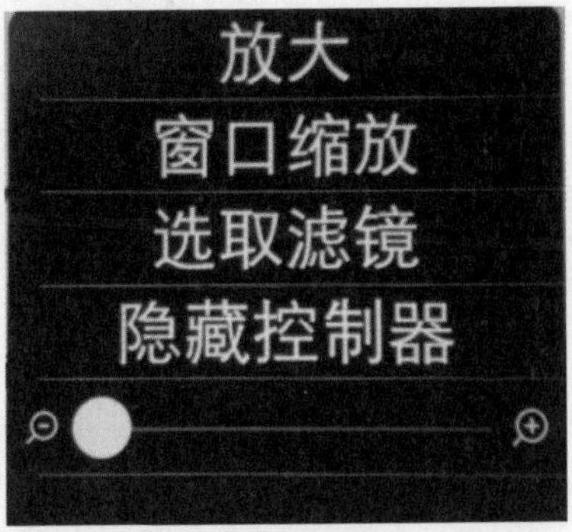


附图 14



缩放的方式可以在两种状态之间切换：“窗口缩放”和“全屏幕缩放”。当“缩放”处于“放大”状态时，附图14第一项的文字就切换为“缩小”。点击“缩小”，屏幕显示就恢复到正常状态。当处于“窗口缩放”状态时，附图14第二项的文字切换为“全屏幕缩放”。点击“全屏幕缩放”，放大镜就消失了，全屏幕内容都被放大。

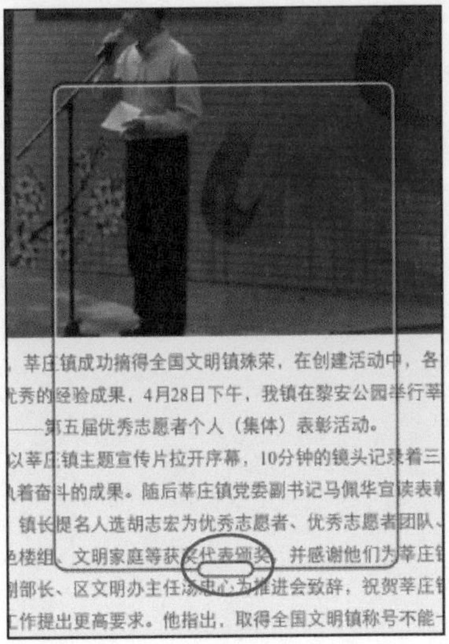

附图 15

点击“窗口缩放”，则出现一个方框（像个方形放大镜，见附图15），可以放大屏幕上方框所覆盖的部位。用手指拖动方框下边缘的手柄，放大镜就可以在屏幕上移动。

在“缩放”开启的情况下，如果⊕被隐藏了，可用3个手指双击屏幕，屏幕显示就被放大，再用 3 个手指双击屏幕，屏幕显示就被缩小。另外，在这种状态下想看到附图 14 所示菜单，用 3 个手指快速点 3 下屏幕即可。

### 3. 设置与修改 iPad 的锁屏密码

为了加强安全性，可以为 iPad 开机设置密码，每次打开或唤醒 iPad 时都必须输入密码。

点击"设置"界面左边一栏的"密码"，出现如附图 16 所示界面。如果你已经有了密码，在这里就要先输入原有密码。然后就出现附图 17，图中的 4 项分别为：

（1）关闭 / 打开密码——设定在 iPad 启用时要不要密码。

（2）更改密码——需要输入一次旧密码，再输入两次新密码。

（3）需要密码——设定在屏幕"自动锁定"之后，多长时间之后再解锁就需要密码。

（4）简单密码——开启它，则锁屏密码为 4 个阿拉伯数字组成；关闭它，则可用复杂的字母和数字混合码作为锁屏密码。

附图 16

附图 17

### 4. 隐私

在 iPad 中有许多应用程序在使用过程中需要访问你的地理位置（"定位服务"）、通讯录、日历、提醒事项和照片等个人信息，隐私设置能查看和控制哪些应用程序可以访问这些个人信息。点击"设置"界面左边一栏的"隐私"，弹出的对话框中会列出属于隐私的各个项目。点击每一项右边的"＞"符号，则显示哪些应用程序需要用到这项隐私。例如，有两个应用程序用到"通讯录"，如附图 18 所示，关闭"微信"或者"微话"右边的开关，它们就不能访问你的通讯录了。

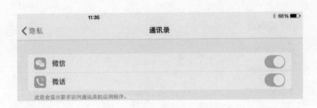

附图 18

### 5. 添加邮件账户的设置

　　如果你想在 iPad 上发送和收取邮件，需要事先在 iPad 上设置，具体操作为：点击"设置"界面左边一栏的"邮件、通讯录、日历"，弹出的对话框如附图 19 所示。

附图 19

如果你已经在 iPad 中设置了邮箱，则附图 19 显示出已经设置过的邮箱系统，例如图中的 126 和 163 邮箱系统；如果你尚未设置邮箱，则点击下面的"添加账户"，就出现如附图 20 所示的各种邮箱系统。你的邮箱如果是这其中一个，则选取它即可；如果不在这其中，则点击最下面的"其他"，出现如附图 21 所示界面。在其中填写各项信息后，点击"下一步"。如果填写信息无误，就完成了"添加账户"。

附图 20

附图 21

# 四、常用应用程序

## 1. 通讯录

点开主屏幕上的应用程序"通讯录"，展开如附图 22 所示界面。点击附图 22 右下角的"+"号，展开如附图 23 所示界面，在右边各栏中输入相应的信息，点击右上角的"完成"，就可以把新的联系人的信息保存在通讯录中。

附图 22

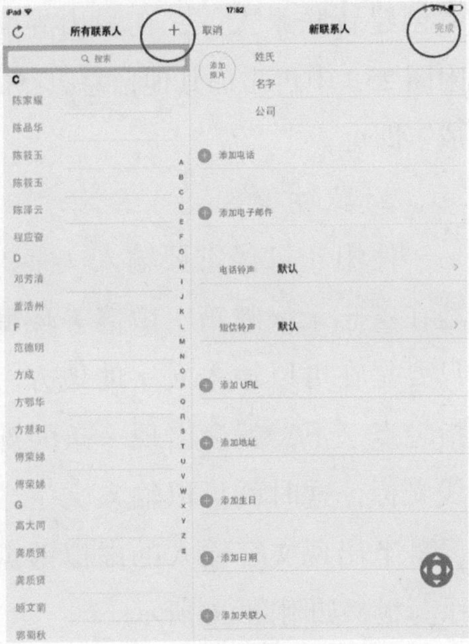

附图 23

附图 24

附图 22 左边一栏是已在通讯录中的人名。点击一个人名，右边栏中即出现此人的信息。点击右上角的"编辑"，可以修改已有的信息；将右边栏往上移，直到出现红颜色的字"删除联系人"，点击即可删除该联系人。编辑好后，点击完成；进入编辑状态后，不想编辑了，可以点击"取消"。

注意：从邮件中向"通讯录"添加联系人，一个简便的方法是在打开邮件后，点击发件人的名字，弹出如附图 24 所示界面，点击图中的"创建新联系人"，在弹出界面（见附图 25）中再添加其他信息，点击"完成"即可。

附图 25

2. 文字输入

使用 iPad 经常要输入文字，不管是在备忘录、邮箱、微信等环境下，只要是在可以输入文字的地方，用手指轻点一下，就会出现一条闪烁的竖线光标，这时就可以输入文字，而且屏幕上出现文字输入的虚拟键盘或者手写板，如附图 26 所示。

一般有 4 种文字输入方法，即简体拼音、英语、简体手写和语音转文字。长按键盘下部的地球图标，出现如附图 27 所示菜单，可以进行前三种输入法的切换。

附图 26

附图 27

选择"简体手写"后，键盘就变成了"写字板"，如附图 28 所示。可用手指在写字板上写字，选择写字板顶部出现的你需要的字或词语

附图 28

即可。

　　任意一种输入法输入文字后，需要删除时，点击键盘或写字板右上角的"×"图标，则可以删除光标前面的字符。在选中一批字符后，点击"×"，即可将选中的字符一起删除。

　　进行语音转换为文字的操作时，可通过点击键盘下面的话筒图标来进行，这时会出现一条白色的波动线，用普通话连续说几个词语，停顿的时候，文字就出现了。

　　点击附图 26 中的图标".?123"可以进行字母、标点符号和阿拉伯数字的切换，此时出现的键盘如附图 29 所示。左下角的"ABC"键用于切换到字母键盘，它上面的"#+="键用于切换到更多标点符号的键盘。

附图 29

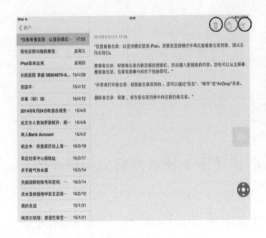

附图 30

**3. 备忘录**

　　备忘录是一个便捷的文本编辑工具，随时可以输入要记录的内容，且不需要 Wi-Fi 环境。在 iPad 主屏幕上点击图标，可打开如附图 30 所示的备忘录界面。

　　当 iPad 横过来（横排模式），查看 iPad 的备忘录时，备忘录界面分为两个部分，左边是备忘录的目录列表，右边是选中的那条备忘录的内容。

若 iPad 竖起来（竖排模式），查看备忘录时，通常只显示选中的那条备忘录的内容，需要查看备忘录目录列表，则用手指从左向右轻滑或者点击屏幕左上角的"备忘录"即可。

若要搜索已经存在的备忘录，手指从左栏顶部往下轻滑，直到在屏幕顶部出现带有放大镜图标的搜索栏，轻按搜索栏，待出现闪烁的直线光标时，就可输入要搜索的内容。

（1）备忘录的操作。附图 31 是备忘录界面右上角的 3 个图标，分别可进行下面的操作：

① 新建备忘录。点击"新建备忘录"图标，出现空白的备忘录页面，在其中输入要记录的内容。

② 删除备忘录。选中备忘录目录列表中的某一项，点击"删除备忘录"图标，即可删除选中的备忘录。

③ 发送备忘录。点击"发送备忘录"图标，出现发送邮件的界面，输入收件人邮箱地址，点击"发送"。

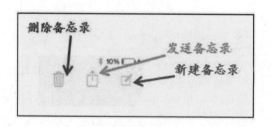

附图 31

（2）文本的编辑。这里仅叙述适用于 iPad 所有应用程序的文本编辑。

① 选择文字。一个手指双击文字或者长按文字，在所选词或短语的两边会出现大头针符号，同时出现一个菜单（见附图 32），手

指轻按大头针并向上下左右拖移，可以任意选取文字；两个手指连续点两下，可以选取整个段落。

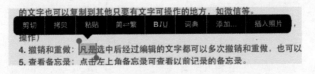

附图 32

② 拷贝（复制）、粘贴等操作。在附图 32 中的菜单里，根据需要选择某项操作。如果选择"拷贝"，则选中的文字已经放入 iPad 的剪贴板中，可以粘贴到其他可以进行文字操作的地方，如发送微信、邮件等。

③ 字体。在一个刚新建的备忘录里或者刚刚编辑过的文本上双击文字，也会弹出附图 32 所示菜单，从中可选择粗体、斜体、下划线等。

④ 插入照片。在附图 32 所示菜单中点击"插入照片"，会显示"照片"库里的照片，从中选择照片，再点击"使用"，就可以插入照片了。

⑤ 撤销和重做。凡是选中后经过编辑的文字都可以多次撤销（剪切）和重做，也可以摇动 iPad 撤销输入。

149

4.　邮件收发

iPad 的邮箱图标 📧 通常出现在主屏幕下方的任务栏里，点击该图标，就打开了邮箱界面（见附图 33）。在打开的邮箱界面上，左边一栏是收件箱、所有草稿、

附图 33

所有已发邮件等项目，点开某个项目，则展示该项目下的所有邮件的名称和内容摘要；界面上右边一栏展现左栏中所选中邮件的内容。

与电脑上的邮箱不同的是，在 iPad 上的邮箱上已经设置了账号和密码（参见本附录 3.5 节），所以每次打开邮箱时，无须选择邮箱和重新填写密码。而且邮箱界面上可以选择哪个邮箱系统（例如 sina、163 等），也可以看所有邮箱。

邮箱界面的右上角有 5 个图标 ⚑ ▢ 🗑 ◁ ✎ 。其中，✎ 用于写新邮件；◁ 用于回复、转发邮件等，点击这个图标出现一个子菜单，如附图 34 右上角所示；🗑 用于删除邮件。

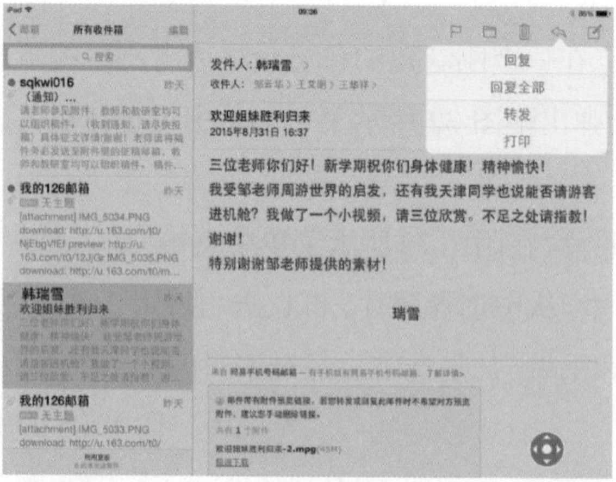

附图 34

在 iPad 上发送邮件与在电脑上一样，需要填写收件人地址。当光标在收件人地址栏里时，点击其右边的"+"号，可以从 iPad 通讯录中选择收件人。邮件写完后，点击"发送"即可。在邮件正文部分可以插入照片和视频，操作方法是：长按写信页面的正文区，出现一个菜单 选择 全选 粘贴 引用级别 插入照片或视频 ，点击"插入照片或视频"，就可以从出现的 iPad 照片库中选择照片或视频，然后点击"使用"就可以把照片或视频插入写信页面的指定位置。这个菜单中的其他选项与前述的 iPad 文字输入的情况是相同的。

收取邮件时，如有附件，可以保存或分享到相应的地方去。具体操作方法是：点击附件后，等待附件下载；然后长按附件，出现如附图 35 所示界面（当看不到所有选项时，向左轻滑屏幕即可查找）。根据附件不同的属性（图片、视频、Word 文档、PPT、文档、网络文件连接等），可以选用不同的分享或存储方式。例如照片，只能存储到照片库，PPT 等文档可以分享到微信中，视频可以存储到照片库，容量小于 10MB 的视频可以直接分享到微信，PPT 等文档可以保存到 iBooks，等等。

附图 35

### 5. 在 App Store 购买应用程序

App Store 是苹果公司的在线应用商店，在这里可以免费下载或付费购买 iPad 应用程序（包括各种程序和电子版的书、音频视频资料等）。

双击主屏幕上的图标 ，就打开了 App Store 应用程序界面，该界面上有各种各样的商品（应用程序），如附图 36 所示。可以在上面浏览，选择自己需要的程序，也可以在其右上角的搜索栏里输入程序名（如有同样主题的程序名，则会出现在一个下拉菜单里供

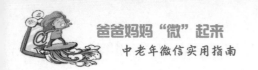

选择，如附图 37 所示）。点击键盘上的"搜索"，选中的程序会出现在页面的左上角（见附图 38）。如是免费的程序，在程序中则显示"获取"，点击"获取"就可以"安装"，不过这时要求输入你的 Apple ID 密码（见附图 39）。Apple ID 密码输入正确后，系统就自动开始安装，安装过程中会出现一个不断转动的圆圈，然后这个圆圈又会以粗线条的形式画出一个圆圈（见附图 40），这时表明安装完成。

附图 36

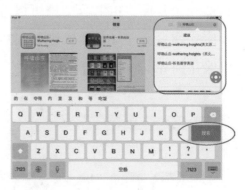

附图 37

附图 38

附图 39

附图 40

　　应用程序安装完成后，点击显示的"打开"就可以进入这个程序，而且这个程序的图标会出现在主屏幕上。以后只要点击这个图标，就可以直接打开该程序。如果某程序曾经购买过，但已删除，按上述方法搜索到该程序后，无需获取，点击出现的符号，即可再下载。

如果要在 App Store 里浏览软件名，可以点击附图 36 左上角的"类别"，就会弹出一个分类的菜单，从中可选择类别进一步浏览；或者，可以点击附图 36 底部的"精品推荐"和"排行榜"，也可以找到自己感兴趣的程序或电子版的各种资料。

6. 相机的简单使用

（1）相机的开启。

① 屏幕锁定时打开"相机"，在设备锁定时轻按屏幕右下角的 （相机缩略图）。

② 在主屏幕上打开"相机"，在主屏幕上点击应用程序"相机"图标 。

③ iPad 处在其他状态时，从屏幕底部往上轻扫，在显示的"控制中心"上点击相机缩略图 .

附图 41

相机打开后在屏幕上显示如附图 41 所示。

（2）"九宫格"的设置。

在使用照相机的时候，如果在视场中有呈井字形的"九宫格"，有助于拍摄时景物在视场中的定位。点击主屏幕上的图标 ，在弹出的"设置"界面左边一栏中选择"照片与相机"，右边栏显示的项目如附图 42 所示。打开"网格"项右边的开关，相机视场中就会出现九宫格。

（3）相机使用模式。

附图 41 中用绿色线框起来的部分，分别为延时摄影、视频、照片、正方形、全景这 5 种拍摄模式，用手指移动这个部分，当旁边的一个橘色小黄点（见附图 43）对准这几项的某一项时，即说明选用该模式进行拍摄。各模式说明如下：

① 拍照。将小黄点对准"照片"或"正方形"（两者的区别在于拍出的照片是长方形或正方形），轻按拍照按钮 ⬤（或者音量键）。

附图 42

② 视频。将小黄点对准"视频"，然后轻按录制视频按钮 ⬤ 或按下音量按钮来开始和停止录制。

③ 延时摄影。将小黄点对准"延时摄影"，将 iPad 固定放置好，然后轻按"延时摄影"按钮 ⬛ 开始拍摄，该按钮会像一个秒表似地转动，转一圈约 6 秒。再次轻按该按钮来停止拍摄。"延时摄影"功能适用于拍摄日落、花开及其他延时历程拍摄的是一段小视频，但播放时看到的是快动作。

附图 43

④ 拍摄全景。将小黄点对准"全景"，轻按"拍照"按钮，然后朝着箭头 ➡ 的方向慢慢移动。若要朝其他方向移动，先轻按箭头；若要垂直移动，先将 iPad 转到横排模式，也可以反转垂直移动

154

的方向。

注意：该功能只在 iPad Air 之后型号的 iPad 上具备。

在 iPad Air2 之后型号的 iPad 上还具备拍摄连拍快照、慢速拍摄等功能，广大老年朋友请自行查看使用手册。

（4）拍照的对焦和曝光。

iPad 是通过点触来对焦的，点击屏幕的不同区域，相机便会对屏幕中显示的相应区域进行对焦和测光。

① 轻点屏幕上任意一处，就会出现一个方框及旁边的小太阳，移动小太阳可以调节曝光。

② 如果长按屏幕 2 秒以上后，对焦框会出现一个 AE ／ AF 图标，表示 AE ／ AF（曝光／对焦）锁定功能已经打开（iPad 相机应用的对焦、曝光锁定功能有关说明请参见网页 http://bbs.zol.com.cn/padbbs/d117_5917.html 的详细介绍）。

（5）HDR 高动态范围拍摄。

HDR 功能是指即使在高对比度的情况下，也可以拍摄好照片。它自动在不同曝光（长、正常和短）的三次快速拍摄后将最佳部分合成为单张照片。使用 HDR，需要轻按附图 41 所示界面右边的字母"HDR"（见附图 44），字母变成橘黄色后，闪光灯就被暂时关闭。为了取得最好的效果，请保持 iPad 和被摄对象不动。如果除了保留照片的 HDR 版本外，还想保留其正常版本，则在附图 42 的设置"照片与相机"中打开"保留正常曝光的照片"右边的开关。

附图 44

7. 相册（照片）的简单使用

（1）打开"照片"程序。

轻点 iPad 主屏幕上的图标 ▣ ，就打开了"照片"程序。

（2）照片的显示模式。

所有用 iPad 拍摄的或者由其他应用程序保存到 iPad 图库中的照片，凡是没有被删除的，都会按"年度""精选"和"时刻"整理。轻点屏幕下方的"照片"，照片的排列会按 3 种不同的方式出现。当以"年度"排列时（见附图 45，照片缩得很小），在屏幕上轻点某一年度的照片，屏幕上就显示该年度按某月某日到某月某日排列（一横排，见附图 46）；在附图

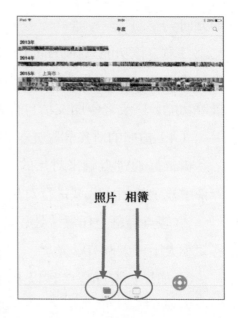

附图 45

46 状态下，轻按某一横排，就显示该段日期中每一天的照片（见附图 47）；选任一张照片双击，该照片全屏幕显示。在这 3 种显示模式下，轻点屏幕左上角的"年度 / 时刻 / 精选"，可在这 3 种模式之间切换。

附图 46

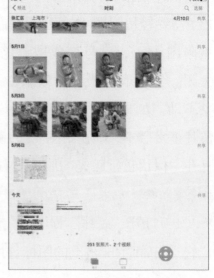

附图 47

附图 48

（3）"相机胶卷"和"相簿"。

所有用 iPad 拍摄的或者由其他应用程序保存到 iPad 图库中的照片都会默认添加到相机胶卷。轻点附图 45 下方的"相簿"，屏幕显示如附图 48 所示。屏幕上显示很多相簿，最左上方的是"相机胶卷"。它包括所有照片。点击"相机胶卷"，所有照片都显示出来。为了能把照片分门别类地存放，以便查看，可以自行建立不同名称的相簿。

① 新建相簿。点击屏幕左上角的"+"号，出现"新建相簿"对话框；输入相簿名称，点击"存储"；在所有照片中勾选照片，点击"完成"，就生成了新的相簿。

② 删除相簿。点击屏幕右上角的"编辑"，所有的相簿左上角出现一个"×"，在你不要的相簿上点击"×"即可删除。

③ 在相簿中添加照片。在相簿界面上点选（打开）一个相簿，点击屏幕左上角的"选择"和顶部的"添加"，从照片中勾选所需照片，点击屏幕右上角的"完成"即可。

④ 播放幻灯片。在相簿界面上点选（打开）一个相簿，点击屏幕顶部的"幻灯片显示"；在打开的菜单中点击"过渡"（幻灯片之间的切换方式），从弹出的菜单中选择一种切换方式；打开"播放音乐"右边的开关；再点击"音乐"，从拉出的音乐列表中选择一曲音乐；最后点击"开始播放幻灯片"，所选相簿的照片就按幻灯形式播放。

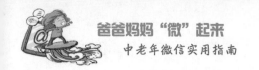

注意：分类放到某相簿中的照片，在相机胶卷中依然存在。

（4）照片的"删除"和"发送"。

点击屏幕右上角的"选择"，屏幕左上角出现"删除"按钮 🗑 和"发送"按钮 ⬆ 。

① 选择要处理的照片。如点选一张照片，则该照片上出现一个 "√"。可以连续选择很多照片。对某一张照片勾选后，又不想选了，可以再一次点选这张照片进行撤销。在选好一批照片后，都不想选了，可点击屏幕右上角的"取消"。

② 删除照片。选好照片后，点击删除按钮 🗑 ，就可以删除这些照片。需要说明的是，从一个相簿中删除的照片，并未从"相机胶卷"中删除；反之，从"相机胶卷"中删除了的照片，在相簿中也没有了。

③ 发送照片。选好照片后，点击发送按钮 ⬆ ，会出现一个菜单，点击其中的"邮件"图标，就会出现邮件的写信界面，填写收件人、主题、邮件内容（后两项可不填写），点击"发送"，照片就作为邮件的附件发送了。这里要说明的是，如用邮件发送照片，一次最多只能选5张照片。

（5）照片编辑和视频剪辑。

iPad的"照片"应用程序本身带有一些修饰照片和剪辑视频的功能。在点击一张照片使其全屏幕显示后，点击屏幕右上角的"编辑"，在屏幕的下部出现几个编辑按钮（见附图49），分别

附图49

158

是"自动改善""裁剪""照片滤镜"和"调整(光效、颜色、黑白)"。在点击每一项后,可从出现的修改选项中选取所需命令即可。

打开视频后,视频的帧会在屏幕上端排列成一行。移动这一行两端的滑块,即可对视频进行剪辑。

广大老年朋友可以自行对照片和视频进行编辑和剪辑操作体验。

附图 50

### 8. 文本朗读

iPad 本身具有朗读文本的功能,但需要在设置中开启。操作方法是:打开"设置→通用→辅助功能",选择右栏中的"语音",出现如附图 50 所示界面,逐一开启界面上"朗读所选项""朗读屏幕"和"朗读自动文本"的开关。

移动"朗读速率"的滑块,可以调节朗读的语速。用"嗓音"可选择不同国家的语言。

(1)"朗读所选项"可以把选中的文字朗读给你听。如果你要听某段文字,把它选中,在出现的菜单上点击"朗读"即可;如果要中间暂停,则长按屏幕后点击菜单中的"暂停"。

(2)"朗读屏幕"可以自动读出屏幕上的文章。比如说,打开一篇微信中的文章(见附图51),用两个手指从屏幕顶部向下

附图 51

159

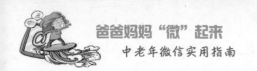
轻滑（或者打开 Siri，用语音说"朗读屏幕"），语音朗读就开始了，屏幕上会出现一个控制条，用于控制暂停、继续和停止朗读等。在朗读过程中，控制条变成一个缩略图标，点击它可恢复成控制条。

（3）"朗读自动文本"是 iPad 的辅助功能之一，主要对于输入英语单词。在一个单词未输入完或拼写错误时，iPad 会读出这个词，并给出建议的正确拼写。例如，在写一句话"I am a student"时，"student"未写完或写成了"studem"时，iPad 就读出声音并给出建议（见附图52）。有时因为太过于匆忙，一不小心就会输错个别单词在所难免，"朗读自动文本"能帮你及时更正过来。如果在输入过程中，忘记单词的拼写，可凭记忆尽可能地填写，稍后等待 iPad 的改正和建议。

附图52